欧洲水土保持

欧洲水土保持项目指导委员会　编

中欧流域管理项目技术援助专家组　编译

长江出版社

图书在版编目（CIP）数据

欧洲水土保持/中欧流域管理项目技术援助专家组编译.
—武汉：长江出版社，2011.3
ISBN 978-7-5492-0352-9

Ⅰ.①欧…　Ⅱ.①中…　Ⅲ.①水土保持—欧洲　Ⅳ.①S159.5

中国版本图书馆 CIP 数据核字（2011）第 033816 号

欧洲水土保持　　　　　　　中欧流域管理项目技术援助专家组　编译

责任编辑：贾茜

装帧设计：蔡丹

出版发行：长江出版社

地　　　址：武汉市汉口解放大道 1863 号　　　　　　邮　　编：430010

E-mail：cjpub@vip.sina.com

电　　话：(027)82927763（总编室）

　　　　　　(027)82926806（市场营销部）

经　　销：各地新华书店

印　　刷：武汉精一印刷有限公司

规　　格：787mm×1092mm　　　1/16　　　10.75 印张　　　250 千字

版　　次：2011 年 4 月第 1 版　　　　　　2011 年 4 月第 1 次印刷

ISBN 978-7-5492-0352-9/S · 25

定　　价：38.00 元

引言（欧方）

　　我谨代表欧盟驻中国及蒙古使团和中欧流域管理项目，借此机会与中国进一步分享欧盟成员国在水土资源管理方面的经验，以及欧盟对水土保持所采取的一系列政策和措施。

　　《欧洲水土保持》一书呼吁欧盟以及其他相关国际组织改善水土保持方面的政策法规，以确保水土资源充分发挥效益。同时我们也深刻感受到中国经过多方努力，新《水土保持法》于 2011 年 3 月正式颁布实施。

　　《欧洲水土保持》是由以安东·爱默生教授作为主要成员的一个研究团队，所开展的一项目具有创新意义的欧盟水土保持研究项目。该书通过分析欧洲水土保持方面所面临的问题、挑战及其所取得的经验和教训，强调指出了水土资源可持续发展的必要性，并建议欧盟及各成员团在制定水土保持相关法规和政策时应充分考虑全球影响。

　　该书的翻译工作获得欧盟、世界银行和中国政府的共同支持，并在云贵鄂渝水土保持世界银行贷款/欧盟赠款项目中外专家指导下完成。

　　我们相信，通过支持《欧洲水土保持》一书中文版的出版，将促进跨区域水土保持相关知识的交流与传播，并增进中欧双方对改善水土保持管理机制方面的理解与认识。

欧盟驻华使团公使衔参赞　　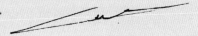

引言(中方)

　　云贵鄂渝水土保持世行贷款/欧盟赠款项目是中国利用外资首次在长江流域和珠江流域实施的大规模水土流失治理项目,也是世界银行和欧盟第一次以联合融资方式在中国开展的具有重要意义的水土保持生态建设工程。该项目自2006年启动实施以来,得到欧盟驻中国及蒙古使团通过中欧流域管理项目给予的全面技术支持,并由此为合作平台,双方开展了水土保持等方面的学习、交流和管理技术引进。

　　2009年,在中欧流域管理项目技援组拉斯·安德森先生和安东·爱默生教授的协调和帮助下,中国水利部和长江水利委员会分别组成了高层代表团和项目管理专家代表团先后赴希腊、西班牙、意大利等国,就水土保持相关政策、水土保持工程管理经验展开了学习交流和科学研究。2009年底,应中国水利部水土保持司刘震司长的邀请,安东·爱默生教授等两位欧洲专家参加了在北京举办的中国水土保持科研协会年会。会上,双方商定将《欧洲水土保持》一书翻译成中文,并在中国出版。

　　在欧盟、世界银行和中国水利部的联合支持下,经过云贵鄂渝水土保持世行贷款/欧盟赠款项目中外专家近一年的辛勤劳动,《欧洲水土保持》一书中文版终于得以出版发行。我相信,这本书的发行不仅能让我们分享到欧盟成员国在水土资源管理方面成果和经验,同时对进一步做好长江流域乃至中国的水土保持工作具有借鉴意义。

　　中国是水土流失严重的国家,而长江流域又是中国水土流失严重地区之一,目前全流域有水土流失面积53万平方公里,占土地总面积30%。新中国成立以来,中国政府十分重视水土保持工作,将保护环境和水土资源作为基本国策,投入了大量的资金治理水土流失并取得了显著成效。2011年3月1日新的《中华人民共和国水土保持法》正式颁布实施,我们相信,在新的《水土保持法》指导下,中国将把合理开发利用和有效保护水土资源作为水土保持工作的重要目标,坚持预防为主,保护优先,强化监督管理,加快水土流失治理速度,以水土资源的可持续利用促进经济社会的可持续发展。我们期待进一步借助云贵鄂渝水土保持世行贷款/欧盟赠款项目这个平台,不断拓展中欧双方在环境保护和水土保持方面的合作领域,共同推动水土保持事业的发展,为保护人类的生存环境和促进经济社会可持续发展做出贡献。

长江水利委员会水土保持局局长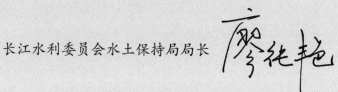

作者的话

云贵鄂渝水土保持世界银行贷款/欧盟赠款项目，以及中欧流域管理项目的实施，为中国和欧洲的有关专家提供了彼此学习与交流水土保持理论与实践经验的机会。在交流期间，中欧双方专家发现，土地退化的原因和过程以及两个地区在治理水土流失过程中的采取的思路和方法具有一定的相似性。

作为中欧双方交流的一项成果，我们相信《欧洲水土保持》中文版的出版将进一步促进双方今后的合作。

首先，本书指出欧盟及其成员国虽然意识到水土流失的危害，也采取了相应的应对措施，但事实上其方法与中国以小流域为单元的流域治理方针有很大不同。欧洲相关课题的研究表明，农业和环境保护政策在欧洲已广泛实施，然而对水土流失问题的解决方案仍具有局部性、区域性或国家性。

第二，本书的作者试图向社会公众展示水土保持事业的价值。我们希望本书的读者能借以了解土壤各项功能的价值，尤其是土壤对涵养水源的价值，这对欧洲和中国都有重大意义，特别是在削峰减洪，降低洪涝灾害几率，维护能源与食品安全等方面的作用。

第三，本书印证了对话交流平台的价值，通过这一平台，来自不同学科和工作领域同仁能够交流关于土地管理最佳方法、监测评价以及相关政策设计方面的经验。欧盟水土保持研究项目就是这样一个平台，它在传播水土保持意识和探求水土流失治理方法等方面发挥了积极的作用。

我们希望这本书的出版能促进欧洲和中国在更大范围内持续开展水土保持交流与对话，并希望中欧双方的合作能成为推动全球水土保持事业发展的催化剂。

这本书将在欧盟第七科研框架项目"生态系统退化和土地荒漠化治理措施评价"在中国举办的 2011 年年会开幕式上正式与读者见面。该研究项目的主要目的是评估防止土壤沙漠化及土地退化各项措施与政策的适用性,研究内容之一是通过案例分析,比较中国和欧盟在水土保持理论和实践方面的异同。我们期待这项研究取得丰硕成果。

安东·爱默生
2011 年 4 月

前　言

本书向读者介绍了欧洲当前在水土保持方面的论争。阅读对象为具有环境科学、农业、林业、地理或法律等学科专业背景知识的人士。本书的重点不是对问题开展纯学术性的分析，而是讨论可采取什么样的行动来改善和保护欧洲的土壤资源。我们试图在文中尽量少用专业术语。虽然本书谈的是欧洲，但所讨论的问题却是具有全球性意义的。书中纳入了其他国家所采取的水土保持政策和战略的许多成功案例，如美国、巴西、南非以及一些东欧国家(如匈牙利)。

本书的编写得力于 SCAPE 计划所建立的科研平台，有些资料是从公开、自由的讨论中汲取的。我们有幸与数百名利益相关者讨论水土保持问题。浏览 SCAPE 计划的网站 www.scape.org 可查阅本书所援引的原始科学资料。

本书分为 6 章。第 1 章为当前欧洲水土保持问题的概述和背景材料；第 2 章介绍了土壤数据、土壤监测和信息资料问题；第 3 章就与土壤的可持续利用有关的各方面的问题进行探讨；第 4 章总结了多个案例研究的成果，给出了可从中吸取的经验教训；第 5 章讨论在制定政策和立法中采取的不同方法；第 6 章为我们得出的一些结论，主要是总结了 2005 年 9 月在冰岛举行的"土壤与环境法"国际研讨会的成果，在这次研讨会上，水土保持科研人员和业界人士与法律界专业人士一起讨论如何将水土保持科技与立法相结合。

本书总结 SCAPE 计划所得出的结论可用于指导公众和专业人士对未来水土保持政策的发展进行评价。很多读者的土壤专业知识可能很有限，但也不要妄自菲薄，因为土壤是非常复杂的和多面性的，有的科学家和专家也未必不是如此。因此，存在着这样一种危险，即为决策者提供咨询建议的人可能会误判或忽略特定的数据或资料的重要性。若读者只需了解土壤是什么、土壤的作用是什么，以及为什么它对我们很重要，则并不一定必须接受过化学、生物学的高等教育或者非得是农艺师或林学家才行。

序　言

从最广泛的意义上来说，土壤是构成我们人类栖息地的一部分，我们的一切几乎最终都离不开土地的赐予。然而，我们管理土壤的方式却与我们对土壤的这种高度依赖性不相称。不经意间，人们很容易急功近利，只顾眼前而无视将来，特别是忽视了那些关乎土壤永续利用的方方面面。为了实现真正意义上的土地可持续利用，人们必须对土壤本身的发展变化规律有一个更全面、更透彻的理解，这正是编写本书的目的。

目前，欧盟正在制定一项战略，旨在实现土壤的可持续管理并保护处在多种威胁之中的土壤。在过去的三年中，"欧洲水土保持计划"（SCAPE）使科技人员有机会就水土保持战略展开非正式讨论，讨论的对象既有负责制定解决方案的决策者，也有受这些决策或政策影响的普通民众。

数百人以组织或个人的名义为本书的编著作出了贡献，他们有参与"欧洲水土保持计划"（SCAPE）的科技人员、水土保持与保护从业人员、利益相关者，还有欧盟许多负责制定未来的研究和环境政策的官员；另外还有参加2004年11月在海牙召开的"土壤研讨会"的与会者，以及参加2005年9月在冰岛举行的"土壤和环境法研讨会"的国际专家们。附录1提供了上述研讨会的全体与会者名单。虽然各个篇章中给出了作者的姓名，其实他们只是各篇章的主要执笔者，大多数章节都是集体编写而成的，其中含有未署名的其他一些作者所贡献的文字材料。

欧洲水土保持计划(SCAPE)
任重道远

本书由欧洲水土保持项目(SCAPE)指导委员会及项目官员集体编写而成,将作者的名字按字母顺序排列如下:

Prof. Anton Imeson	第1、6章主要执笔人;为第3、5章提供了重要素材;承担总体编辑与审稿工作
Dr. Arnold Arnoldussen	第3章主要执笔人之一
Prof. Diego de la Rosa	第3章主要执笔人之一
Dr. Luca Montanaralla	第2章主要执笔人
Dr. Luuk Dorren	第4章主要执笔人之一
Michiel Curfs	第4章主要执笔人之一;为第6章提供了重要素材;承担总体编辑、审稿和章节布局工作
Prof. Olafur Arnalds	第5章主要执笔人
Sanneke van Asselen	为第6章提供了重要素材;承担总体编辑、审稿和章节布局工作

供稿人:

第3章	Anna Martha Elegersma, Olafur Arnalds
第4章	Carolina Box－Fayos, Joris de Vente, Juan Albaladejo, Michael Stocking, Artemi Cerdà, Michiel Curfs, Maria José Roxo, Sara Zanolla, Borut Vrščaj, Stefano Barbieri, Sanneke van Asselen, Bernhard Maier, Marion Gunreben, Luuk Dorren, Anton Imeson, Arnold Arnoldussen, Olafur Arnalds

目　录

引子:土壤知多少

英国洛桑试验站的研究人员试图测量一盎司富含粘土的土壤颗粒的表面积,计算后得出其总表面积竟高达六英亩!（Eisenberg,1998）

亚里士多德将蚯蚓比作地球之肠。（Eisenberg,1998）

达尔文写的最后一部书不是关于自然选择的,而是关于蠕虫与地球的关系的。生命的再生来自于土壤,是个从尘土走向尘土的生命之旅。（Warshall,1999）

土壤中发生着地球上最大数量的生物学、生物化学和生理性现象。（Wilson,1984）

在饭桌上,你盘子里所吃的蔬菜是土壤养育的;吃的肉也是动物吃了土壤上生长的植物后才长出的。如果是木制的饭桌,木头来自于土壤中生长的大树。如果没有土壤,就没有了食物,甚至连搁食物的桌子都没有。（Silver,1993）

如果把地表之下所有生物的重量加起来,且不算植物的根系,土壤生物学家发现地面之下的生物量多于地面之上的生物量,而且每英亩要多出相当于12匹马的重量!（1984年Hans Jenny在斯图加特如是说）

如果将非洲所有的大象都射杀,对我们几乎无关紧要,但是要是土壤中固氮菌都消失的话,我们多数人都活不长了,因为土壤不再会为我们提供食物了。（1984年Hans Jenny在斯图加特如是说）

从花园里挖一铁锹肥沃的土壤,其中所含的生物物种比地面上整个亚马孙热带雨林中所有的生物物种还要多。（摘自土壤生物学网站）

第 1 章 欧洲水土保持的必要性

1.1 概述

随着经济的增长和城市的扩张,欧洲的自然景观正处于快速变化的过程之中,土壤则是这一变化着的环境中的一部分。在许多地方,推土机、碾压机以及犁铧在热火朝天地将土地推平、压实、填埋或翻耕;另外有些地方则静静的保持着相对天然的状态,安闲地享受着从天空中悄然飘落的雨水的滋养。虽然这是一本关于欧洲土壤的书,但是欧洲土壤与全球气候和全球经济的联系却是密不可分的(Jungerius 与 Imeson,2005)。

是什么令人忧心如焚呢? 难道是土壤中发生的某种神秘变化导致了越来越频繁的自然灾害? 在全球范围内,政府间气候变化专门委员会(IPCC)认为土壤以及覆盖土壤的植被是驱使气候变化的非气候性因素,它们可以将大气中的二氧化碳固化并沉积下来。科学家们认识到,大气中的二氧化碳有一半曾经封存在土壤之中,土壤是减少温室气体浓度的关键。然而土壤不仅处于人类对气候变化关注的核心,而且它对生物多样性、土地退化、荒漠化和洪水影响也是举足轻重的。

> **文字框 1.1 土壤是什么?**
>
> 没有一个让所有的土壤学家都满意的定义。土壤是一个内涵丰富的世界,是生物的栖息地,像一座化学反应堆那样不断地改变着地球表面,使之成为生产几乎一切食物和纤维所必需的媒介物,它调节着水和营养物质,并将两者再分配,它是人类在地球上赖以生存的基础。

土壤的保护不同于濒危物种的保护。在欧洲,所谓"纯自然"状态的土地几乎不存在了,几千年来的人类活动已将欧洲的地表景观塑造成现在的样子,形成了今日欧洲美丽的人文景观。水土保持的实际目标并不是维持现有的土壤和景观,而是维护土壤的重要功能,从而满足社会可持续发展的需要,给子孙后代开创一个可持续的未来。

在过去的十年间,许多人担心土地利用方式和污染已经大大降低了土壤的耐受力(文字框 1.2),削弱了土壤承受威胁的能力。毫无疑问,土壤退化(土壤的压实板结以及有机质和生物多样性的丧失)导致土壤肥力下降,调节和循环水肥的能力降低。另一方面,有些地区土壤的状况依然不错,可作为保护土壤的成功范例。

大家普遍认为:如果欧洲要实现其可持续发展的目标,土壤问题是我们需要妥善应对的一大挑战。

因此本书的目的不是纠缠于欧洲土壤的前世今生,而是着重探讨我们的土壤丧失了什么。我们将着眼于采取什么行动,以及如何才能利用一切有益的经验和知识,

文字框 1.2　什么是耐受力?

生态系统的耐受力为生态系统对外部扰动的承受能力,即生态系统承受外部扰动却不致于失控而发生质变性的系统崩溃。一个具有耐受力的生态系统能够承受外部冲击并在必要时能够自我重建。社会体系中,耐受力使人类有能力展望并规划自己的未来。人类作为自然界的一部分,一方面我们的生存依赖于生态系统;另一方面,无论从局部和全球尺度来说,我们都在不断地影响着我们所处的生态系统。耐受力正是反映这些互相关联的社会生态系统(SES)的性质。生态系统以及人与自然的环境所适用的"耐受力"在定义上具有三个特点:①耐受力指系统能够承受的改变量,不超过这个量值时系统仍然可以保持对自身功能和结构的控制。②在多大程度上系统能够实现自我组织。③系统构建和提高自身学习能力和适应能力的能力。

资料来源:耐受力研究会

帮助制定《欧洲土壤发展战略》(对《欧洲土壤发展战略》的解释见第5章)。

一个公众参与协商的科学平台

从某种意义上说,本书阐述的是与各种利益相关方及其代理人进行参与式协商的科学成果,其中提出了如下关键问题。

- 如何才能实现可持续的水土保持?
- 土壤有哪些重要的功能? 如何量测或监测土壤的这些功能?
- 从一些成功案例中我们可以学到哪些有关水土保持的经验?
- 在欧洲现行的环境及农业政策背景条件下,如何制定水土保持战略?
- 如何将沙漠化防治纳入到水土保持战略之中?

目标任务的设定简单明了,就是阐述欧洲如何根据土壤的现状,在现行的政治背景条件下,采取最佳措施保护其土壤资源。

SCAPE项目执行过程中,在那些水土保持战略取得积极成果的地区举办公众磋商和会议,以开展研究。在欧洲水土保持协会(ESSC)的协助下,列出了积极参与水土保持的个人与单位名录,数量有好几百个(鲁比奥等,2005)。据了解,在欧洲许多地方,水土保持工作做得相当有成效。要想有效并高效地开展研究,就必须博采众长、兼收并蓄,广泛吸取各地实施的一切行之有效的原则和策略(见第4

章)。许多国家已颁布了非常好的水土保护法规,只要有解决问题的政治意愿,好的政策就能够得以落实(第5章)。Hannam 与 Boer(2002)对与土壤可持续利用有关的法律和体制框架进行了全面的调研和概括。SCAPE 计划的结题研讨会于2005 年9 月召开,研讨会上法律界和水土保护界的代表汇聚一堂,所有的建议都是从水土保持科学与法律相统一的角度而提出的(SCAPE 计划,2005)。

1.2　历史回顾

当历史上大规模的农业文明在大江大河流域(如埃及尼罗河流域、美索不达米亚、中国黄河流域)的冲积物上开始孕育发展时,欧洲的大部分处女地才首次得到开垦。从新石器时代直到罗马帝国时期,欧洲的大片地区依然为原始森林所覆盖。因人类活动而造成的土壤退化现象在欧洲由来已久。众所周知,土壤侵蚀是周期性循环发生的,即土壤侵蚀期与土壤稳定沉积期交互进行,周而复始。一分为二地看,水土流失也不全是负面的,有些时候人们故意设法让水土流走,然后再次沉积在某处,形成肥沃的土地。古代,土壤侵蚀造成了大片的洪泛平原,成为大规模开垦的良田。古代社会迁就于水、土资源的再分配,因地制宜地利用环境。

历史上的土壤侵蚀有其复杂多样的原因:人们砍伐森林取其木材或作为薪碳之用;或者大家对公有的土地都不管不问任其破坏;也有极端气候条件造成了土壤侵蚀,等等。然而,19 世纪末法国、意大利和西班牙花了很大的功夫重建森林,此举在遏制土壤退化方面成效显著。

现代社会已对发生过的土壤侵蚀所造成后果习以为常了。例如,社会对曾是原始森林、后来被人为改造而成的草地及石南地倍加珍视,并希望保护好如今的这些石南地。20 世纪50 年代,人们认识到英国高地地区的地表景观(英国的"绿色沙漠")实际上是从新石器时代开始不断进行森林砍伐和过度放牧造成的。而这些地区由于提供了除农业以外的其他自然功能而受到高度珍视,而且人们尽了许多努力来保护这些石南地。在南非与莱索托交界的 Drakensburg 地区,从苏格兰南部高地和其他地方过来的移民特意采取放火烧山或过度放牧的手段复制他们苏格兰故乡的草原,防止天然林木的再生。

第二次世界大战前后,由于采用的是混作的农业生产方式,欧洲大部分地区的土壤侵蚀率很低。而到了20 世纪六、七十年代,几位曾在非洲和亚洲从事水土保持项目的科学家返回欧洲后发现欧洲的土壤侵蚀率也在升高。对是根据发生之前和之后的混合农业很低。他们开始测量这一缓慢变化过程的长期影响:不仅测量降雨径流的冲刷所导致的土壤侵蚀,还有由土地翻耕、放牧及作物根系造成的水土流失。

第二次世界大战后,随着现代农业的兴起,欧洲多数地区土壤侵蚀与土壤污染开始成为一个严重的问题。当时的农业政策的重点是提高农业产量,保障粮食安全(1999年,BULLOCK)。为了提高作物产量,改善农民收入,农业生产开始开始走向机械化和集约化。用喷洒农药的办法防治作物病虫害,将小块农田并拢成大田。此外,还采取了农田平整、田间管理以及更高效的收割措施。这样一来,土壤质量逐渐变得不如原来那么重要了,不再是整个农业生产体系的决定性因素。结果,土壤中的有机质含量和土壤生物多样性减少,以致于土壤开始易于板结,容易发生侵蚀。

图1.1说明土地利用方式是土壤侵蚀的主要原因,气候只是相对次要的原因。

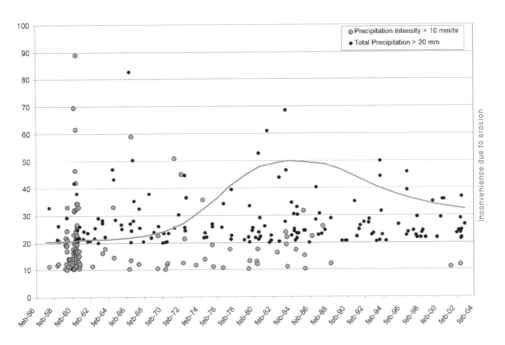

图1.1 荷兰南部土壤侵蚀与气候之间的相关关系。从图中可以看出二者之间的相关性非常微弱。**20世纪80年代当农场土地大规模合并时,侵蚀最为严重,那时为整理大片农田,田块之间的植物篱和水平梯被破坏。土地平整作业后,土壤侵蚀就随之发生了**

为什么欧洲必须采取措施保护土壤? 我们可以从美国的经验中得到什么启发?

有组织地进行水土保持最先是从美国开始的,其发起人被认为是本奈特(Hugh Hammond Bennett)。他于1905年谈到自身感受时这样说:"我们看到相邻的两块地,其土壤质量截然不同。两块地的坡度一样,基岩类型也相同,毫无疑问这两块地的土壤成分也应该别无二致,但是一块地里土壤是卢姆土(即壤土),土质肥沃,即使天气干燥时土壤也是松软潮湿的,徒手就能将土扒开。我们注意这块地上树木繁茂,地皮完全被枯枝落叶覆盖着,而且从未被人耕种过。而另一块地,虽然和上块地相邻,土壤却是黏土,在天气干燥时几乎像岩石一样坚硬,这块田已耕种多年了。我们在思考着这个差别,两块地从一开始是相同的,那块耕地里的黏土只能是通过雨水的冲刷才翻至地表,即一场场大雨一点点地将黏土搬运上来,形成薄薄的黏性表土层。雨后,土壤在雨水径流的挟带下从土地流失掉。与之截然相反的是,那块没有耕作过的林地却得到自然的保护,在林木植被密集的覆盖下没有发生水土流失。"(Bennett,1930)

一百年前美国就发现了农业对土地退化和土壤侵蚀的严重影响。这种影响导致新英格兰州和阿巴拉契亚山区的农田大面积撂荒,代之以开始植树造林。成千上万的农民困苦不堪,不得不背井离乡。本奈特和其他人撰文描述了水土流失的恶果及其影响范围,并警告人们如果不采取措施后果将会是什么。他们建立了研究工作站以定量监测土

图1.2 沙尘暴正向德克萨斯州的 Stratford 袭来。图片来源:德克萨斯州20世纪30年代沙尘灾害调查资料,图片号:theb1365,海岸及大地测量历史资料库。拍摄地点:德克萨斯州 Stratford,日期:1935年4月18日。拍摄者:George E. Marsh. 美国 NOAA

壤侵蚀,指标包括土壤侵蚀量(吨)以及作物产量的损失量(吨)。当雨养农业扩展到降雨量不太稳定的中西部半干旱的地区时,植被破坏使风蚀肆虐,表土层大面积流失。沙尘飞扬,遮天蔽日,可以持续好几个几星期,甚至影响到相距遥远的华盛顿州,污染着家园。这种状况迫使美国成立水土保持部门并为其提供财政拨款。

贝奈特指出:"这似乎像一场灾难唤醒了已在繁荣中舒适惯了的美国人,使我们知道有一种威胁高悬于整个国家的上方。尽管我们在认识水土流失是一个全国性的重大问题的过程很迟缓,但那场沙尘暴唤醒了整个国家,使国民认识到土壤侵蚀的危害和威胁。"

1.3 认识土壤

除了整天种地的农民外,欧洲大多数人是完全不与土壤打交道的。然而,也有

少数人钟情于园林花圃,热衷于自然和景观。城市人口的日常生活离不开空气和水,但是土壤对于他们则无关痛痒。这样一来,公众易于接受保护空气和水的观点,但他们也许并不了解水土保护的必要性。

为了我们共同的福祉,提高公众对水土保持重要性的认识,必须成为我们主要的政策目标之一。

1.3.1 具有生命力的土壤

土壤可以被视作一个为社会提供各种功用或服务的媒介物。没有土壤及土壤所提供的一切功能,地球上的生命当然不可能存活。我们每天吃的食物、喝的水、呼吸的空气、穿的衣裳都直接或间接地来自于土壤(参见图 1.3)。土地所有者对土地价值最直接的感受是土地给他提供了家园,而对土壤和土地为他和子孙后代提供的其他许多功用的感受没有如此真切。土壤调节着地球上的水、生物、地球化学循环,这些都是维护气候和生物多样性的重要因子。对这些自然循环过程的人为干扰和对土壤生态健康的破坏是影响气候变化和生物多样性损失的主要因素。如上所述,土壤中以前封存的大量的碳已逸散到大气中了。

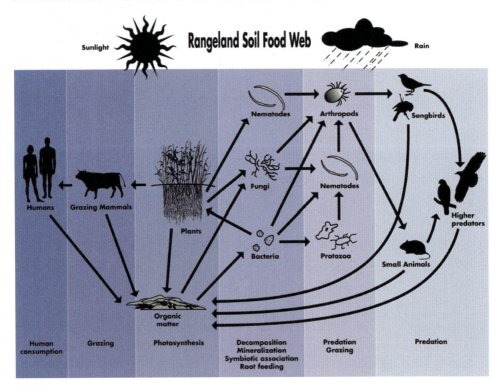

图 1.3　土壤与人类食物链（资料来源：NRCS）

土壤是蕴涵地球上生物多样性的最大场所。土壤中的生物数量巨大,其中的大部分物种尚未得到充分认识和研究。土壤中的生物量比土地上的生物量还要多。人们对土壤生态系统所知甚少,主要是由于目前缺乏分离出土壤中各种生物的办法。只有极少数物种得到详细研究,并成功分离出来,分离出来的生物往往成为自然界具有药理活性物质的新发现,青霉素就是最典型的例证。土壤的快速退化严重威胁着土壤中的生物多样性,最终导致一些物种来不及发现和充分研究就灭绝了。对土壤的生态系统退化对人类健康的影响的认识依然有待加深。

私有和公有土地所发挥的效能远远超出了其所有者本人的利益范围。土地退化对其所有者来说会立即导致土地生产力的下降,但更重要的是,土地退化往往会导致有关的社会经济和公共健康等社会问题。人们对土壤退化的现地影响认识得比较充分,资料也记录得比较完备,而对非现地影响之就知之甚少,语焉不详了。

1.3.2　土壤与人类健康

人类最关心自身健康所受到的威胁,把它当作头等大事对待,难怪空气和水的质量发生了任何有碍健康的事情,就会马上在政治层面上受到关注。人类对土壤退化与人类健康的影响关系了解太少,仅限于认识到土壤若受到化学污染就会影响到食物链。"健康的土壤产出健康的食品",是人人耳熟能详的口号,所以越来越多的人热衷于有机农业。土壤和食物质量之间的科学的联系是非常复杂的,在某些情况下,没有切实的证据辨别确实的还是虚构的危险因素。但大量证据表明,土壤退化的非现地影响直接关系到我们的日常生活。

饮用水水质与土壤直接相关,土壤是污染物的过滤器和缓冲介质。土壤的多种理化性质给我们贡献了清洁的地下水。如果土壤受到污染,并且因土壤板结或表土结皮导致土壤渗透性降低而严重影响它作为水渗流过滤器和缓冲介质的功能(见图1.4)。土壤pH值的急剧变化会极大地影响土壤滞纳污染物的能力,最终使污染物突然释放到地下水水体中。

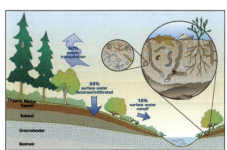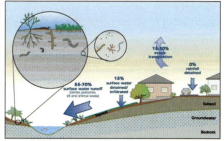

图1.4　健康的土壤的效用（资料来源：King County Department of Natural Resources and Parks）

大家都知道土壤侵蚀具有非现地影响,而且经常评估这种影响。例如,水库发生淤积使水力发电厂和水务部门损失其效益;而且土壤侵蚀产沙淤积在河道中,减少河道过流能力,阻塞涵闸,冲刷河岸,造成洪水泛滥。侵蚀产沙导致河道泥沙淤积,其影响可持续几十年甚至几百年。要花几十年甚至上百年的时间进行仔细规划,通过河流管理防止河道因冲刷或淤积丧失过流能力而导致洪水泛滥,罗纳河支流即为这方面的例子。

泥沙中往往含有大量污染物和营养物质,这是天然海滨浴场水质下降的主要原因,严重影响着旅游业的经济收入。

风蚀也是人类健康的一个重大的威胁,特别是在人口稠密的城市地区。最近世界上广大区域遭受风蚀,例如在中国、澳大利亚(Youlin,2001)和冰岛(参见图1.5)。要全面了解风蚀的有关知识,读者可访问美国风力侵蚀研究所(WERU)的网站。

近年来洪灾和滑坡等水文地质灾害频现,导致大量人员伤亡,欧洲许多地区的民众开始关注土壤退化问题。中欧地区近年来发生了几场洪灾,可归咎于以下几个原因:空间规划上的失误;流域上游表土层渗透性降低;毁林导致地表漫流增加;土壤压实板结;以及

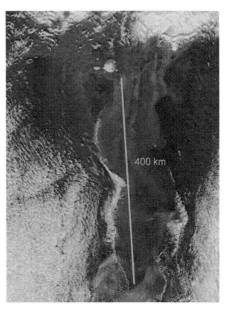

图1.5 冰岛的风蚀

粗放的农业耕作方式(ELSA,2002)。土地利用的改变可能会导致地表径流增加几倍,远远大于气候变化影响的计算结果(见图1.6)。

	Grassland	Wheat	Maize	Production forest	Natural forest
1	0.2	4.0	8.0	2.5	0.5
2	20	5	2	8	80
3	0.6~1.1	0.8~1.3	0.9~1.5	0.8~1.8	0.7~1.0
4	0.15~0.8	0.12~0.4	0.2~0.5	1.0~0.2	1.5~0.4
5	30	0.9	0.8		10

1 = 土壤侵蚀率[t/ha] 2 = 积水形成时间[分钟](雨强8 cm/hr) 3 = 土壤密度[g/cm³]
4 = 土壤保水能力范围值[cm/m²] 5 = 最终入渗速率[mm/hr]

图1.6 土地利用与地表径流、土壤侵蚀和土壤保水能力的关系

发生在地中海地区的滑坡被归因于植被的退化和对退耕摞荒地上的文化景观维护不善等原因,已引起许多国家决策者的高度重视(见图1.7)。

图1.7 联合国教科文组织确定的世界遗产保护地"五渔村"地区的摞荒土地的退化现象

左:1950年的梯田景观。中:2000年时的情况,当时大面积的土地被摞荒。右:模拟2010年当梯田垮塌和滑坡发生后的景象。(资料来源:意大利五渔村国家公园)

1.3.3 土壤与全球气候和全球经济之间的相互关系

十五年前,在奥地利菲拉赫会议上(1982),欧洲各国政府同意协调各自的行动以着手解决气候变化问题。荷兰政府开始确定研究范围,包括调查气候变化对生物和气候的影响,其中也包含土壤。土壤在温室气体排放量中的作用是研究对象之一,而且关心土壤是不是所谓的"化学定时炸弹"。当时的研究成果在涉及如何制定应对土壤系统的非线性行的政策方面对今天来说仍然具有意义。有关的政策应具有弹性,可以适应一个复杂系统的动态发展变化,避免落入"命令—响应"式政策策略的窠臼(Holling 和 Meffe,1996)。

土壤中总是发生着缓慢和细微的变化,积累到一定程度就可能突然导致意想不到的后果,如沙漠化和洪灾。在雅典(希腊)附近的小麦产区,沙漠化的风险正逐渐增大,因为土壤侵蚀使土层厚度变薄,土壤在一年中的节骨眼时段蓄积水分的能力降低了。将来要制定政策解决的一个突发性问题就是处理所谓的"化学定时炸弹"。土壤滞纳化学物质的能力或缓冲化学过程的能力有可能发生突然改变,一个经典例子是,在受到重金属污染的农田里植树,如果土壤的 pH 值急剧降低,则原先土壤中累积下来的重金属有可能进入环境之中,那么曾经作为重金属沉淀池的土壤就变成了重金属污染源。另一个会产生意想不到后果的例子是泥灰岩地区,泥灰岩风化形成的土地不能算是好的农田,其原因是泥灰岩风化很快,一两场阵雨就足以在地面上形成泥石流。欧洲的土壤政策应该考虑到应对此种突发性灾害。

> **文字框 1.3   文化品鉴**
>
> 　　美国地理学家 Carl Sauer 指出："自然资源的利用其实是一种文化品鉴。"这句哲言可帮助我们感悟土质与土地利用之间的关系,这种关系仅从土壤质量内在本质的普遍定义来解释是说不通的,只有从那片土地上居住的人的视觉和形象上去观察,你就茅塞顿开了。生活在 Alentejo 的葡萄牙人喜欢种小麦,而远在 3000 英里之外的挪威奥斯陆,那里的人也喜欢种小麦,虽然自然环境条件并不适合种植,"橘生淮南为橘,生淮北则为枳"的道理大家都明白。然而,这也不是完全行不通的,只要那里的人敢想敢干,即使付出点代价,也能成功。奥斯陆出产的小麦的价格从北海石油收入那里得到 300% 的补贴,而葡萄牙生产的小麦却谷贱伤农,在笔者写这篇文章时正由欧盟出面保护性收购。

　　人们充分认识到土壤对全球性气候变化影响的重要性只是最近几年的事。为了更好地了解土壤在温室气体排放方面所扮演的角色,正在进行深入的研究。全球土壤含碳总量估计为数 15000 亿吨(其中 6500 亿吨碳存于植物体内),因此土壤是地球生物圈中最重要的碳的贮藏库。维持甚至增大这个有机碳碳库是抑制二氧化碳气体向大气增加排放的至关重要的措施。许多农业耕作措施有利于增加土壤中有机碳的含量,推广采用这些农业措施将有助于逆转当前欧洲农田土壤中有机物含量减少的趋势。

　　土壤不仅给我们提供食物和水,它还为我们免受洪涝、旱灾以及气候变化的影响提供缓冲和保护。在过去的几十年里,土壤调节水的功能已受到很大的伤害,这种伤害不仅发生在欧洲。中美洲和美国发生的洪灾和滑坡灾害在多大程度上与土地利用的改变有关或者在多大程度上与飓风的强度有关,这已成为一个典型的问题有待回答。有许多证据显示中欧地区频发的洪水是极端气候的结果;抑或是由于土壤渗透性下降或现代土地利用方式导致土壤丧失保水能力而造成的结果? 奥地利明显地属于第二种情况,密集放牧造成了敏感土壤区的土壤硬化,导致日益频繁的洪水。

1.4　我们为什么经常犯决策上的低级错误?

　　既然土壤对人类的生活和福祉如此至关重要,那么人们为什么还是对土壤熟视无睹呢? 许多人对于土地利用的长期后果一无所知,想当然地把土壤当作取之不尽、用之不竭的资源,对其予取予求。土地的合法所有者有权按他自认为合适的方式管理自己的土地。土壤退化过程是缓慢而又复杂的,很难觉察得到。侥幸的是,人们忽视土壤,而灾害有时并没有发生,而且土壤的确具有强大的耐受力和自我恢复力。经常出现的问题是,土壤具有各种不同的功能,你若只用其一,那么其他各种功能就不能正常发挥,而这些不能充分得以发挥的功能却是维持土壤肥力以及调节水循环等生态过程所必不可少的。那么这个问题就转变为一个机构和体制范畴的问题了,我们将在第五章展开讨论。

以可持续的方式管理土壤和土地不是一件简单的事,它不光是涉及组织机构和人民大众,而且其自身的基本过程也是复杂多变的。土地利用的决策权分散,而且必须服从于基层的自主性管理原则。

> **文字框 1.4　土壤中的变化难以监测**
>
> 举例来说,表层土壤中黏土颗粒的形成以及有机化合物的积累要花成百上千年的时间,这种变化是难以监测的。分析土壤化验数据的确不是件容易的事。

无论在哪个地方,土壤和土地的参数都在不断地变化着。这不仅造成了土壤监测和数据采集的困难,而且如何分析数据并将数据转化为对制定政策有用的信息也很成问题。土地利用和土地管理政策需要考虑到土壤和景观中正在发生的变化,并可以借鉴已比较成熟的有关自然资源管理规章制度(Holling 和 Meffe,1996)。

土壤长期观测试验(如在英国 Rothamstead 进行的长期观测)表明,只有进行长期定时监测,建立完整的土壤样品资料档案(如图1.8),才能检测出这些变化。从 Rothamstead 采集的土壤样品中能检测出大气层中核试验以及切尔诺贝利核电站事故所降落于土壤中的放射性尘埃。

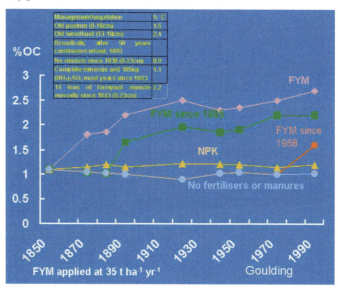

图1.8　一个世纪时段中在不同的土地管理方式下表土中有机碳含量变化曲线(资料来源:Goulding 和 Poulton,2003)

1.4.1 土壤功能的丧失：一个全球性问题

在最近几十年里，专家们越来越担心土壤的诸多功能逐渐丧失或被削弱，威胁到土壤自身的可持续发展。这些功能的发挥方式用"土壤质量"（文字框 1.5）或"生态系健康"（文字框 1.6）来表示。世界上许多国家都在开展生态系统健康和土壤质量的长期监测，环保部门可及时了解土壤有关的参数。美国环保署与水土保持局最先从事这方面的工作，他们保存着几十年的生态系统和土壤的状况及脆弱性的监测数据资料。这些数据在互联网上公开，民众可上网查询他们自己所在的小流域的数据，并了解他们自己所在的城市或村庄的土壤质量和健康状况如何。从监测数据而得到的趋势性分析，加上人们对土壤污染和对食品安全的关注，一旦土壤条件达到一定指标则发出警示，警告可能出现的公共卫生问题。

文字框 1.5　土壤质量

土壤质量是土壤在特定的土地利用方式或在生态系提供的边界条件下发挥作用的能力。这种能力是土壤的一个固有特征，随土壤的不同而变化。其指标包括有机质含量、盐分、密实度、赋存的营养物质和根系入土深度，借助这些指标可衡量某一地点的土壤的健康状况（即土壤质量）。

例如，有机质含量、生物活性、酸度和盐度等指标与土壤贮存和循环营养物质供植物生长的能力有关。土壤的适耕性、密实度和保水能力反映出土壤调节和分割水流的能力。土壤的结构（如壤土或黏土）是反映土壤承载能力的重要特性，用于建筑、道路等土木工程中。土壤健康条件或土壤质量是否提高，可通过测取土壤有机质含量是否增加来衡量，因为有机质含量可反映土壤循环营养物质的能力。（来源：NRCS）

在欧洲，每个国家都设有像美国环境保护署那样的机构，各有其传统做法和法律责任，所以数据记录得比较分散，不像美国那样集中。因此欧洲关于环境方面的知识经验没有经过很好的汇总整理。欧洲环境保护署（EEA）正在建设覆盖全欧洲的指标数据库。

美国长期以来把水和土壤的保护当作一个问题看待。而在欧

文字框 1.6　生态系统健康

生态系统健康是一个跨学科的新概念，综合自然科学、社会科学和健康科学，把人的价值人本理念纳入到管理之中。从这个观点来看，一个健康的生态系统就是一个"稳定并且可持续的"社会—生态单元，可随时间的发展保持其自身组织结构和自治性以及对外部压力的耐受性，同时在经济上也是可行的，能够维持人类社会的生存和发展。（Rapport，1995）

洲,水被看作是主要问题,为此而颁布了《水框架指令》。一方面看,这是非常积极的举措,但就过程和因果关系而论,如果在这部框架指令中纳入更为基础的土壤管理的内容,比单纯制定一部仅针对水的框架指令要好得多。没含有土壤,这部指令相当于缺失了一半的内容。

1.4.2 欧洲的关切:欧盟当务之急是什么?

欧洲土壤状况的研究和监测成果很不乐观,令人忧心忡忡,促使欧盟决定分析评价土壤所面临的威胁,为土壤保护奠定基础。2002年以基础性研讨文集的形式公开出版了土壤威胁分析报告,名为《土壤保护专题策略的前奏》或简单地称之为《土壤通讯》,又在同一年组织召开了公众磋商会以及利益相关方协商会议,以便全面分析各种威胁,为策略和政策的制定提供建议。在欧盟环境总司的大力支持下,600多名"终端用户"成立了"欧洲土壤论坛",以此为平台分析讨论如何应对这些威胁,供制定《欧洲土壤政策》时参考。

在《土壤通讯》中所分析到的对土壤威胁的类型包括:侵蚀、有机质、污染、下渗障碍(包括地面建筑物)、压实、生物多样性、盐碱化、洪水和滑坡(更详细的解释见第3章)。决策者们需要弄明白的是:①如何应对这些威胁? ②在科学知识和以往经验的基础上,采取什么政策和行动才有效?

寻求这些问题的答案极具挑战性,原因是:首先,威胁土壤的因素本身很复杂,其过程非常缓慢难以明示。再者,对土壤的各种说法往往与政治脱不了关系,很难区分哪些关切是合理的,哪些是政治投机。有些威胁因素其相关数据资料少而又少,不足为凭,难以据此筹划长期的治理措施。

已发表的有关欧洲土壤性质的数据资料大部分是50多年前的调查成果,负责这项调查工作的人大多数已退休。当时对土壤的认识偏向于农业和农作物生产的需要。过去在进行土壤调查时主要是可靠地记载土壤信息以便评价土壤墒情。而土壤的威胁因素往往涉及土壤性质的动态变化,如季节性变化或随时间逐渐变化的趋势。看来,在欧洲建立起统一的土壤保护框架依然任重而道远。

第 2 章 土壤数据与监测

2.1 欧洲土壤的类型

制定土壤保护战略依赖于对土壤基本知识的掌握。基于专门知识的土壤保护立法是欧盟制定土壤保护专项战略的核心,这个问题将在第 5 章进行详细讨论。然而,土壤作为一种复杂介质,因地而变,并且难以用通俗易懂的词汇来表述。土壤性质具有三维可变性:垂直方向上有土壤具有分层异质性,这是由特定的成土因素造成的(见图 2.1);水平方向上土壤分布的变化很大,地点、条件不同,土壤类型也不同;此外,在不断变化的环境和人类活动的影响下,土壤随时间不断发生着变化。

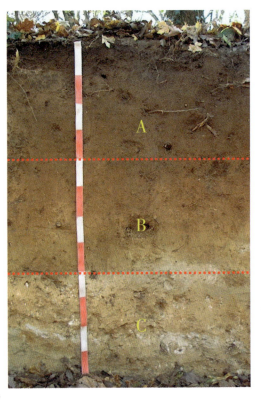

图 2.1 林地下方雏形土土壤剖面,分 A、B、C 三层,其颜色差异反映出有机质以及含铁氧化物的矿物的相对分布(资料来源:Soil Atlas of Europe,2005)

欧洲土壤信息系统(EUSIS)内存有欧洲主要土壤类型详细分布图。比例尺为1:1000000的欧洲土壤地理数据库(如图2.2)可以用于概要性地了解欧洲主要土壤类型的分布情况。

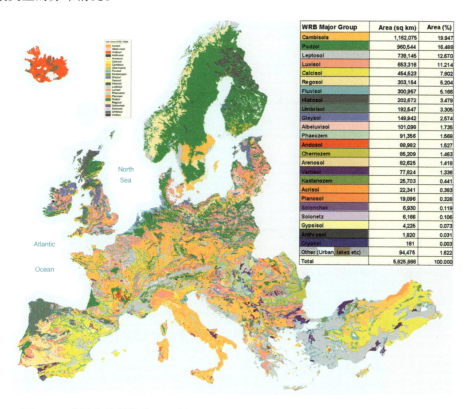

WRB Major Group	Area (sq km)	Area (%)
Cambisols	1,162,075	19.947
Podzol	960,544	16.488
Leptosol	738,145	12.670
Luvisol	653,316	11.214
Calcisol	454,523	7.802
Regosol	303,154	5.204
Fluvisol	300,957	5.166
Histosol	202,672	3.479
Umbrisol	192,547	3.305
Gleysol	149,942	2.574
Albeluvisol	101,099	1.735
Phaeozem	91,356	1.568
Andosol	88,982	1.527
Chernozem	85,209	1.463
Arenosol	82,625	1.418
Vertisol	77,824	1.336
Kastanozem	25,703	0.441
Acrisol	22,341	0.383
Planosol	19,096	0.328
Solonchak	6,930	0.119
Solonetz	6,166	0.106
Gypsisol	4,225	0.073
Anthrosol	1,820	0.031
Cryosol	161	0.003
Other (Urban, lakes etc)	94,475	1.622
Total	5,825,886	100.000

图 2.2　欧洲土壤数据库 1.0 版——欧洲主要土壤类型的分布图（资料来源：European Soil Bureau，2004）

表 2.1 列出十二种最常见的土壤,其分布占土地总面积的 50% 以上,其余的土地面积上分布着 300 多种其他各种土壤,每种土壤仅有零星分布(小于欧洲土壤数据库 SGDE 所覆盖的土地面积的 2%)。

表 2.1　欧洲最常见的土壤（每种土壤面积大于欧洲土壤数据库覆盖的土地总面积的 1.6%）

土壤名称(按世界土壤参考标准 WRB)	面积(km²)	面积百分比
雏形土(Cambisol)	1162100	19.9%
灰壤土(Podzol)	960500	16.5%
薄层土(Leptosol)	738100	12.7%

土壤名称（按世界土壤参考标准 WRB）	面积（km^2）	面积百分比
淋溶土（Luvisol）	653300	11.2%
钙质土（Calcisol）	454500	7.8%
松岩性土（Regosol）	303200	5.2%
冲积土（Fluvisol）	301000	5.2%
有机土（Histosol）	202700	3.5%
暗色土（Umbrisol）	192500	3.3%
潜育土（Gleysol）	149900	2.6%
漂白红砂土（Albeluvisol）	101000	1.7%
黑土（Phaeozem）	91400	1.6%
Total 总计	4148100	91.20%

资料来源：SGDE ver. 3.28

众多分布面积比例相对较小的土壤类型也需要在设计土壤保护战略给予适当考虑。那些不常见的土壤有时作为许多生物独特的栖息地，值得特别关注并采取特殊保护措施。欧盟为调查和保护欧洲的生态栖息地而颁布了《栖息地指令》（HABITAT），按其中所划分的生物地理分区（见图 4.1）来分析土壤类型的分布具有极大的意义。我们可以得出这样的结论：在 Natura 2000 工程（文字框 2.1）的栖息地保护名录中纳入一些特定土壤类型的栖息地，此举将具有重要意义。

文字框 2.1　自然栖息地与 Natura 2000

　　自然栖息地和珍稀濒危物种保护区工程。1992 年 5 月欧盟政府颁布了旨在保护整个欧洲受到严重威胁的物种和栖息地的立法。这项立法称为《栖息地指令》以补充 1979 年颁布的《鸟类保护指令》。这两个指令的核心是启动了 Natura 2000 工程，这是一个欧盟划定的自然栖息地和珍惜濒危易危物种保护区网络。《鸟类保护指令》要求设立鸟类特别保护区（SPA），《栖息地指令》要求划定其他物种及其栖息地的特别保护区（SAC）。SPA 与 SAC 加起来就构成了 Natura 2000 工程。欧盟所有成员国结成伙伴关系，贡献于这个覆盖欧洲全境的保护区网络——从加那利群岛到克里特岛，从西西里岛到芬兰的拉普兰。

　　如第 1 章所述，地表以下的生物多样性多于地表之上，但是，人类对土壤中生物的了解和认识仍非常有限。许多物种尚未被研究和分类,许多土壤生物的作用仍待揭示。土壤生物学的研究应不断加强,以免在人类活动的影响下,土壤中罕见的生物在人类发现它们之前就湮灭无踪了。土壤类型还与地貌相关,那些稀有的土壤类型可能形成独特的地表景观,需要特别关注和保护。

2.2 欧洲的土壤信息

在欧洲有许多有关土壤数据采集方面项目和计划,有的已执行了几十年,由各级执行单位机构出面协调进行,如全球性的机构(粮农组织、联合国环境署等);欧洲范围内的机构(欧洲联盟、欧洲经济委员会国际合作项目林业组,欧洲国家地质调查局局长论坛(FOREGS));还有国家、区域和地方一级的机构等。

欧洲土壤信息采集大致可分为三类:①土壤地图,测定土地面积供土地管理之用;②土壤鉴定,在某一时间对某一点的土壤条件和性质进行一次性评估;③土壤监测,评估土壤条件和性质随时间和土地利用的改变而发生变化的过程。

2.3 土壤制图

土壤制图在过去就是欧洲国家土壤调查机构的主要活动,二战后为满足农业生产和粮食保障的需要而开展了许多此类项目,且很早就编制出了"土地生产力分类法"(Klingebiel 和 Montgomery,1961)。英国、德国和其他国家还为制定土地利用规划而编制了土地分类,以便保护未来的农业良田。

从 1950 年到 1990 年是土壤制图成果最多的时期。这一时期也是加深对主要土壤过程的认识和积累有关数据的阶段,所获得的土壤数据资料对于解决今天的环境问题都有着重要的意义。20 世纪 80 年代中后期,欧盟成员国多数实现农产品自给,甚至谷物、牛奶、葡萄酒、橄榄油和某些水果供大于求。同时,以提高产量为导向的农业发展对环境的影响日益显现。土壤学研究的经费支持急剧下降,原因是土壤学的研究与提高农业产量紧密挂钩,既然农产品已供过于求,就没有必要再进一步研究土壤学了。那时还没有认识到土壤具有环境方面的重要性。土壤调查工作的经费被削减,有的项目则被叫停。结果,欧盟只有比利时一个国家于 20 世纪 80 年代末完成了全国性土壤制图。

2.3.1 土壤制图的基本概念

土壤制图旨在将土壤按各大洲、国家、地区、农场直至任何目标范围以图、表的形式呈现出来。这项工作涉及土壤类型识别,土质数据采集,土壤性质与可能用途的鉴定,将数据信息录入数据库或编录成其他形式的支持文件,以便将数据信息以图表的形式直观化地呈现出来。还可将土壤信息数据库与其他信息系统连接,用于土壤、地貌和社会因素的综合分析。

土壤制图的比例多种多样,有的非常详细,比例尺为1:1250至1:5000,可呈现每个田块的土壤类型分布;有的则比较粗,比例尺1:50万~1:500万,仅提供一个国家或一个大洲的土壤类型示意性概略图(见表2.2)。

表 2.2   土壤制图不同的比例及用途

描述	比例尺	现场查验密度	制图单元类别	目标用途
大比例尺（详细）	1:2500	64 / ha.	简单	专门用途
	1:10000	4 / ha.	简单	一般性用途、详细
	1:25000	64 / km²	简单为主	工程规划、调查
中比例尺（半详细）	1:50000	16 / km²	简单为主	区域性土地利用
	1:100000	4 / km²	简单	工程规划
				可行性研究
小比例尺（查勘）	1:200000	1 / km²	复合	区域性或全国性
				资源调查
	1:250000	<1 /km²	复合	全国性土地利用
	1:500000	<1 / km²		规划
（示意性）	1:1000000 或更小	<< 1 / km²	复合	示意性显示,全国地图册,大洲范围内综合评价

资料来源:Dent and Young（1981）and Avery（1987）

在土壤制图项目立项时,需要确定其目的是一般性的还是专门性的。一般性的勘测制图通常可满足多种不同的用途,包括一些未知的用途。相反,专门性的土壤勘测制图服务于特定的用途,并且在划分制图单元时要特别强调土壤有关的特性。例如,在制定灌溉规划或污泥处理规划时情况即是如此。专门性制图的缺点是它包含的信息也许满足不了日后出现的其他需要。全国性土壤详细制图通常定位为一般性的,设想到未来的各种用途而提供广泛、基础性的信息资料,可满足农业、环境、规划等各种目标。

为了识别土壤并绘制土壤类型图,就有必要进行土壤分类。目前世界上有许多土壤系统分类方法,如许多欧洲国家因地制宜地制定了各自的分类系统。国际上有两大土壤分类系统:①IUSS－世界土壤资源参考标准,简称WRB(联合国粮农组织,1998);②美国土壤系统分类。大多数土壤分类系统都是按结构层次来细分的,带有亚纲和亚类(表示不同的细化程度)及其定义。

土壤系列通常在土壤分类级别中属于最低的一级,主要用于1:65000或更大比例尺的图上标注制图单元。一个土壤系列代表着特征和地貌形态类似的土壤分组。

土壤采样和分类的基本单位是土壤类型。土壤类型主要用作土壤剖面描述。土壤剖面是从地表穿过土层向下开挖所形成的土柱,一直挖到未受扰动的地下基岩或其他母质材料(见图2.1)。每个土壤剖面要选择性地描述其剖面特征,并且确定剖面上每个土层数的特性,如粒径分布、有机质含量、土壤颜色(代表有氧或绝氧情况),等等。土壤的生物学性质通常只有蠕虫活动强度和根系发育强度等简单的指标。

土壤在测绘调查时常用麻花钻以一定间隔定位钻取土样,鉴定某点土壤的性质。钻孔间距按预设的勘察网格进行,更常见的是按不规则的网格间距进行探查,操作时根据地质地貌的发育情况以及所处的地点位置灵活掌握。对于特定的代表性土壤类型,除了钻孔探查外,还以开挖探坑剖面的手段作为补充,并取样分析,以便获取不同土层特性的详细数据。

2.3.2 欧洲土壤地图

欧洲土壤地图有多个比例尺,并且各国因制图方法各异,测绘的范围大小和重点不一,所采用的比例尺鲜有一致。但各国都认可的全国性地图的最小比例尺为1:25万,比这个比例尺还小的地图对于土壤资源的管理就没有实际用处了。

表2.3和图2.3给出了欧洲现有的土壤地图一览。

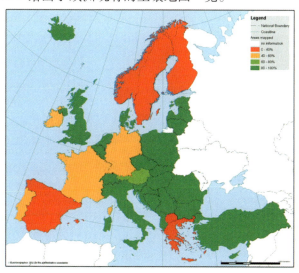

图2.3 欧盟及邻国进行了1:5万或1:2.5万详细土壤勘查的地区(Jones et al.,2005)

表 2.3 全国性土壤制图项目清单及监测系统详情

国家	1:25 万	1:5 万~1:2.5 万	1:10000	采样数量(普查点或监测点)
阿尔巴尼亚	100%		28%(农场),比例尺为1:5000	
奥地利		63%~98%	10%为林地,63%为农用地;比例尺为1:5000的占20%	514 森林地块(8.7 公里×8.7 公里网格),5000 个林地土壤剖面,26000 个数据分析 BORIS 项目:432 农业监测点,土壤评估数据-32% 环境与土壤调查5000 个森林测点+2500 个农业测点
比利时	100%	100%	100%	15000 多个土壤剖面分析
波黑		100%		
保加利亚	100%	100%	90%	50000 个主要土壤剖面
克罗地亚		100%		6000 个土壤剖面
塞浦路斯	100%	100%		硝酸盐监测(1:25 万)
捷克共和国	100%	100%	100%	30000 个土壤剖面 200 个永久性监测点,500 个森林监测点
丹麦	100%	农业用地	准备之中	8000 个土壤剖面,7 公里×7 公里网格;393 个重金属监测点
爱沙尼亚	100%	100%	100%	各种监测项目共 1 万个土壤剖面
芬兰	准备中	30%		2.8 万个土壤组构分析样点,8 万~10 万个土样 2000 个监测点(pH 值,碳,钙,镁,钾,重金属)
法国	30%	资料不全	试验研究	ICP Pt(16 公里×16 公里,540 个地块);一定数量的监测点
德国	30%(1:20 万)	资料不全	试验研究	
希腊			试验研究	3000 个化肥监测点

续表

国家	1∶25万	1∶5万~1∶2.5万	1∶10000	采样数量(普查点或监测点)
匈牙利	100%	100%	70%	1200点(800个农田监测点 + 200个林地监测点 + 200个重要监测点)
冰岛				75%的植被地图的比例尺为1∶4万和1∶2.5万;土壤侵蚀数据库比例尺为1∶10万,100多个剖面,500多个采样点
爱尔兰	100%	44%的比例尺1∶126000		295个土壤采样点(覆盖国土面积的22%)
意大利	100%		案例研究	
拉脱维亚	100%		覆盖100%的农场	2547点(5公里×5公里),各种监测项目
立陶宛	100%		农场	7000个剖面(农业点和林业点监测数据分析),各种监测项目
卢森堡	100%	100%		
马其顿				
马耳他		100%		MALSIS项目第一期:280个点(1公里×1公里);Malta项目:240点;GOZO项目第二期:60个测点 350个剖面数据,800个土壤样品数据
荷兰	100%	100%	55%,地下水位	各种监测项目
挪威				林地:9公里×9公里网格
波兰		地区层面		2000个点(林地),5700个点(农田),1000个矿物土壤样品,216个耕地土壤剖面
葡萄牙	100%	35%	案例研究(灌溉)	800个土壤剖面描述,100个土壤剖面分析;80个土壤剖面作水力学特性试验;土壤侵蚀监测

续表

国家	1:25万	1:5万~1:2.5万	1:10000	采样数量(普查点或监测点)
罗马尼亚	100%	80%的农田	20%的林地	农田土壤调查比例1:10000及1:5000,林地调查比例为1:5万,数据库中的土地单元为:农+林地土质点16公里×16公里网格(942个剖面=670农+272林);PROFISOL项目:4200个土壤剖面(16公里×16公里),土壤地球化学数据库含1200个土壤剖面
塞尔维亚	100%		案例研究	农业和水资源研究:42000平方公里;一定数量的监测
斯洛伐克	100%		100%比例尺均为1:5000	18000个土壤剖面及分析+330监测点(农田)及280个监测点(林地)
斯洛文尼亚	100%	100%	1:5000城市土壤及地理信息系统	1700个土壤剖面分析,污染监测(2公里×2公里农;4公里×4公里林),污染地区网格尺寸1公里×1公里
西班牙	50%	15%		453个土壤剖面;2000个数据(临界负载研究)侵蚀研究20000个点;污染点土样:1200个草场样本;2600个耕地样本
瑞典		1%的农田		ICP森林土壤监测(测点数量不详)
瑞士		7%		一些监测
土耳其		农田(灌溉)		
英国	100%	30%	个案研究	6000个土壤剖面分析;9000各全国土壤普查点(5公里×5公里),6500组数据分析;2200个监测点

2.3.3 欧洲土壤制图的发展

1952 年,欧洲土壤科学家尝试统合各国的土壤分类方法和分类系统并为此专门召开了一次会议,会后,向联合国粮农组织(FAO)主任提交了一份请求函,请求在粮农组织下的"欧洲土地利用与保护"工作组框架内支持欧洲土壤分类的统合工作。接到这项请求后,粮农组织成立了一个"土壤分类与测绘"工作组,后来又将这个工作组划归欧洲委员会下的水与土地利用分会管辖(Jones 等,2005)。

这项工作开展以后,1959 年 9 月 1:250 万欧洲土壤地图的初稿问世。自 1959 年到 1964 年间,又编制出几份地图和文本的草案,并在工作组召开的一系列会议上进行了讨论,第八届和第九届国际土壤科学大会也讨论了这些草案。1966 年,土壤地图及其说明性文字由粮农组织正式出版。

联合国粮农组织与教科文组织(FAO/UNESCO)联合编制 1:500 万比例尺的《世界土壤地图》,把编制欧洲土壤地图的工作又向前推进了一步。这个项目于 1961 年启动实施,1971 年开始出版。1981 年覆盖欧洲的两张地图正式发布。FAO/UNESCO 联合编制的土壤地图在图例中收录了欧洲土壤分类系统,使欧洲分类系统成为一个国际上认可标准,加强了欧洲与国际在土壤特性分类方面的合作(FAO,1995)。

1:250 万和 1:500 万土壤地图涉及的土壤内容广泛且丰富,为更详细的土地资源管理和规划奠定了基础。土壤分类工作组担负着保证使土壤数据具有实用性的责任,又于 1965 年开展了 1:100 万地图的编制工作,该图于 1985 年由欧洲委员会农业总司出版,稍后在 CORINE 项目的支持下完成了该图的数字化(参见下节"土壤数据库")。

2.4 土壤数据库

最近,各国需要将现有的土壤资源的数据信息录入到土壤或土地数字信息系统之中。当前大多数计算机模型都需要土壤的数字化信息,如从基本的土壤数据库中提取与环境和农业相关的信息。大多数国家都有这个需求,但就像土壤地图的编制那样,欧洲各国此类信息系统的开发程度参差不齐,差别较大。

从《欧洲的土壤资源》(第二版)一书中可以看出,欧洲国家的土壤和土地信息系统差异较大,有些只是包含土壤剖面和数据分析的简单数据库,有的则非常先进,已发展成为集成化的计算机系统,其中含有气候、土地利用和地籍信息以及土壤数据。这些系统的功能也千差万别,有的仅为单纯的数据存贮和检索系统,有的则采用了 GIS 技术具有动态建模功能,可用来进行当前和未来的全国性和地区性政策评价。

计算机信息系统现已能输出复杂的图件,然而,输出的图件的质量取决于输入数据的准确性。半数以上的欧洲国家都不具备依赖信息系统进行决策的条件,原因是具备充分详细的土壤地图的土地面积不到一半,而且有些资料还是50年前的老资料。

欧洲的土壤数据库

为创建欧洲统一的土壤性质数据库,欧洲开展了三大项目:①欧洲联合研究中心开发的欧洲土壤信息系统(EUSIS),其中地图比例尺1:100万,覆盖全欧洲,其中含有更大比例尺(1:25万和1:5万)的GIS系统数据;②欧洲委员会大气污染对森林影响评估和监测国际合作计划(EC/ICP FOREST)采集的林地土壤16公里×16公里网格数据;③欧洲各国地质调查局局长论坛(FOREGS)开展的地球化学基线测绘项目。

欧洲土壤信息系统(EUSIS):该系统基于1:100万的欧洲土壤地理数据库(Jamagne,2001),这个数据库最近完成了扩展,已涵盖地中海流域的国家和前苏联(Montanarella,2001;Stolbovoi 等,2001)。图2.4为极地周围的土壤数据库,它是结合加拿大和美国的有关数据系统合成的。

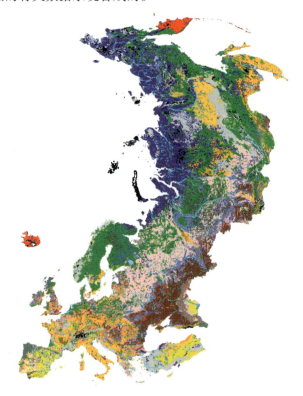

图2.4 从欧亚土壤地理数据库提取的土壤地图

该数据库将作为更准确估计北方地区域土壤有机含量的工具,也可用于估算北方地区土壤温度状态的变化导致的温室气体排放量的变化。

EUSIS 是一个多尺度的信息系统,把不同详细程度的数据集成于一个地理信息系统(GIS)之中(King 等,1998;Montanarella 和 Jones,1999)。它一方面与全球尺度的信息系统相连接,如世界土壤和地形数据库(SOTER)(1:500 万,FAO – IS-RIC,1995),同时保证了与 1:100 万比尺的欧洲土壤数据库的兼容性。在 GIS 技术的支持下,该数据库可与更大比尺的全国性、区域性或者地方性的数据库(1:5000到 1:25 万)相连接。以此为基础,就可以根据需求以及数据的详细程度以一致的方式将地方性数据库逐级扩展为全球性数据库。

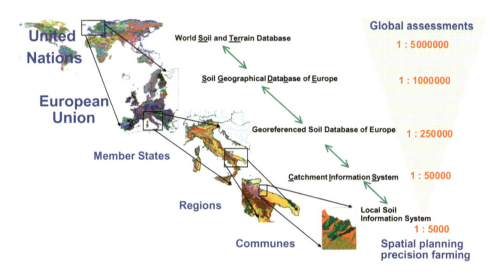

图 2.5 欧洲土壤信息系统,各级用户及与之相对应的比例尺

欧洲土壤信息系统还具有数据分析处理和出图的功能,如它可以用来绘制土壤侵蚀风险图,估算土壤有机碳含量及其他许多功能(Van Ranst 等,1995)。EUSIS 与更复杂的模型相结合可进行作物产量的早期预测、沙漠化风险评估,以及地下水受农用化学物质的污染评估,等等。尽管该系统与功能需求相比仍然不尽完善,然而它的确是当前覆盖整个欧洲大陆的仅有的一个土壤信息系统。

欧洲土壤信息系统的主要组成有以下几个部分。

(1)1:100 万欧洲土壤地理数据库。

该数据库是 EUSIS 的核心。1985 年,欧共体委员会出版了 1:100 万的土壤地图(如前所述),其目的是向欧洲和地中海区域的国家提供统一格式的土壤参数,用于不同尺度的农业气象和环境建模。1986 年,该土壤地图完成了数字化,所形成的土壤数据库纳入了 CORINE 项目并成为其一部分。这个土壤数据库于 1990—1991 年期间升级到第二版,主要是补充进了欧洲委员会制作的土壤地图有关的档案资料。随后,土壤学和 GIS 专家组建议向数据库添加新的信息,并且每个参与国负责更新各自的数据,这样就把该数据库升级到当前的第三版。

欧洲土壤地理数据库最初仅覆盖欧盟国家,最近扩展到中欧和斯堪的纳维亚国家,还正在对其进行进一步的开展,使之涵盖其他的地中海国家,如阿尔及利亚、塞浦路斯、埃及、约旦、黎巴嫩、马耳他、摩洛哥、巴勒斯坦、叙利亚、突尼斯和土耳其。

除了地理覆盖范围的开展外,该数据库在结构上也进行了重大调整。最新的改进是向系统录入了新母质材料名录,并采用了世界参考基准高程(WRB)。

数据库中存有"土壤分类单位"(STU)清单,对各类土壤的特征进行了辨识和描述。土壤分类单位是由表征土壤本质属性的参数来描述的,如土壤组构、含水量状态和石质度等。当采用的比尺为 1∶100 万时,对每一个土壤分类单位分别进行描述在技术上就做不到了,所以就将土壤分类单位分组归并成"土壤制图单位"(SMU),形成土壤组合。土壤分组归并的标准和土壤制图单位的描述考虑到了地貌单元中土壤系统的作用。

(2)欧洲地理参照土壤数据库(1∶25 万)。

由于 1∶100 万数据库的比例尺和精度并不能保证各土壤调查机构能满足用户对更详细的土壤信息的需求,所以就开展了建立 1∶25 万欧洲土壤数据库的可行性研究(Dudal 等,1993)。欧盟国家土壤调查部门领导人会议先后于 1989 年(Hodgson,1991)和 1994 年(Le Bas 和 Jamagne,1996)召开了两次,会议建议开始建设 1∶25 万欧洲地理参照土壤数据库的准备工作。此项建议一开始由"土壤信息系统开发工作组"(SISD)负责落实,后来又将此任务转给了欧洲联合研究中心于 1996 年成立的欧洲土壤局(Montanarella,1996)。欧洲土壤局编制出版了数据库开发程序手册,拟订了新土壤数据库的基本结构及开发步骤。该数据库基本上以现有土壤数据为基础,并添加了新收集的土壤数据。

(3)EC/ICP Forest 土壤数据库。

公众十分关心欧洲的森林生态系统,要求对森林的土壤条件开展大范围的监测。这项监测计划由欧洲委员会(EC)和"大气污染对森林影响评估和监测国际合作计划"(ICP Forests)联合实施。该数据库目的是:为确定森林土壤对大气污染的敏感性而提供基本的土壤化学以及其他有关的土壤性质参数。森林土壤的取样在 16 公里 × 16 公里跨国界网格的交叉点上进行。采样和分析由各国的联络中心(NFCS)实施。将分析结果存贮在位于比利时的"森林土壤协调中心"(FSCC)的一个共用的地理数据库中。31 个参与本计划的国家中有 23 个国家已经完成了他们本国的调查工作。

按照欧盟新颁布"森林焦点条例"(欧洲委员会,2003)的要求,启动了一项新的森林监测计划,并立项开展新的示范性研究(生物土壤项目),对上次 16 公里×16公里网格的土壤监测调查进行复测。这项工作于 2005 年开始,这是在欧盟层次上实施的一项空前重要的研究,以验证在欧洲范围内开展系统性土壤监测的可行性。它同时也是为设计未来的土壤监控系统的一次演练,所以应把它作为示范性研究看待,而不是当作作业性系统运用。这项示范性研究应可回答以下重要问题:

- 复测时是否发现土壤参数有所变化?
- 如有变化,那么这些变化的原因是什么? 能否在 DPSIR 框架内得到合理解释?
- 所采用的程序手册在欧盟范围内是否适用?
- 监测成果在欧盟成员国之间是否具有可比性?
- 监测成果与欧盟国家的现况是否相符?
- 能否将监测成果植入更大范围的欧洲土壤信息系统之中?

(4)FOREGS 地球化学基线测图项目。

覆盖欧洲大部的 FOREGS 地球化学测图项目是各国地质调查局的地球化学工作者酝酿 15 年之久的结果。西欧地质调查局(WEGS)的系列报告记载着长期反复讨论的内容。作为讨论的主要成果之一,Darnley 等人于 1995 年编写并发表了《全球地球化学测图项目手册》。它为一个全球性项目,其经费从来没有得到落实,末了,欧洲地质调查局长论坛(FOREGS,其前身为西欧地质调查局——WEGS)决定只进行欧洲部分的地球化学测图,为此从 26 个欧洲国家采集土壤样本,调查的面积为 425 万平方公里,共 925 个采样点,采样密度平均为每 5000 平方公里一个点。所采集的样品有:河水、表土(0~25 厘米深)、有机质土层土样(对于含有有机质的土壤来说)和母质层土样、河流泥沙以及河漫滩沉积物。

2.5 土壤监测

要了解土壤及其对土地利用方式的反应,除了土壤地图和数据库外,监测也是极为重要的手段。监测可以告诉你土壤发生了何种变化,从而判断土壤的质量在特定的土地利用和管理方式下在改善或恶化还是保持稳定。此外,通过监测可确定土地污染的性质、查明污染物的跨界输移效应,以及确定土地退化的程度和类型等。

在大多数情况下,土壤调查机构参与监测项目方案的拟订,例如,协助把监测指标与土壤类型的相关性建立起来,这对于辨别是自然因素还是人为因素导致土壤发生的变化至关重要。同样重要的是将监测项目与国家土地(土壤)信息系统连接起来,使监测数据通过此类信息系统得到利用。这样就可使土壤监测数据与其他数据库以交互的方式使用,如生态、土地利用、气候、地籍和人口等数据库。千万不能将所采集的土壤数据和与土壤有关的其他信息及其管理和应用孤立开来。

　　各国提交的报告显示欧盟大多数国家都建立起了土壤监测项目计划。现有的国家级监测系统列于表2.4中(Jones 等,2005)。然而,一个国家内的地区性监测项目之间往往互不关联,还有很不好的一点就是,这些监测项目计划大多不是真正意义上的监测计划,因为很少及时地再次测取数据。欧洲环境署(EEA,1998)要求整合所有的土壤监测项目计划。从目前看,当前的工作仅仅是统计一下将来可能发展成为监测系统的监测项目的数量,姑且不论未来此类系统是否能够建立起来还存在着很大的不确定性,主要原因是主管机构缺乏固定的资金支持。

表 2.4　　　　　　　　　　　欧洲各国所上报的土壤监测项目计划

国家	测点数	取样方案 (规则性网格或分类选点)	周期 (取决于所观测的参数)	开始年份 (取决于测点)
奥地利	790	网格	3 年/10 年	1987 – 1995
比利时	940	网格	40 年	1947
保加利亚	300	不详	3/10 年	1986/1992
捷克	700	分类选点	3/6 年	1992
芬兰	860	分类选点	5/12 年	1974/1992
法国	2300	网格	5/10 年	1993/2001
德国	800/1800	分类选点和 EU/ICP 网格	5/10 年	1980/1997
匈牙利	1236	分类选点	1/3/6 年	1993
荷兰	240	分类选点	6/10 年	1983/1993
挪威	13	分类选点	1 年	1992
斯洛伐克	400	网格/分类选点	5 年	1992
西班牙	41	分类选点	1 年	1995
瑞典	26800	网格/分类选点	4 个月/10 年	1983/1993
英国	1200	网格	1/5/15 年	1969/1992

　　资料来源:Jones et al. , 2005

欧洲的土壤监测计划包括以下六个方面。

（1）土地利用和土地覆盖年度调查（LUCAS）。

LUCAS 调查项目是由欧盟统计局与农业总司合作推出一个试点项目，旨在获取欧盟范围内统一格式的土地利用、土地覆盖和其他环境特征数据。这项调查包括约 10 万个观测点，按 18 公里×18 公里规则性网格遍布所有欧盟国家的地表（见文字框 2.2）。观测人员定期到测点查看，描述并记录土壤侵蚀特征等。

> **文字框 2.2　LUCAS 项目要点**
> - 在整个欧盟范围内采用统一的土壤命名和观测方法。
> - 按不同作物区分农业植被种类。
> - 将土地覆盖与土地利用截然分开。
> - 18 公里×18 公里网格可以细分为 2 公里，3 公里，6 公里和 9 公里等不同的整数间距，有助于将取样点数据外推，利于在国家层面统计数据。
> - 整个监测范围内系统抽样的概率相同，且观测概率也相同，且采集的信息是多用途的，取样点定位精确，记录详尽。
> - 及时定时观测（每次调查的精确度为 1~2 米）。
> - 有明确的技术要求，便于组织管理（跟踪调查和观测员培训）。
> - 统一的数据质量管理程序（采用同一的数据输入软件）。
> - 项目在欧洲委员会的管理之下，保证了系统的一致性。
> - 与其他 OECD（经济合作与发展组织）成员国家拥有的类似的监视系统完全兼容，如美国的自然资源数据库（NRI）。

LUCAS 调查采用二级抽样的设计：第一级为"主抽样单位"（PSU），以及 18 公里×18 公里单元格；第二级为次抽样单位（SSUS），即在每个 PSU 单元格内按地理统计学的方法定 10 个测点。尽管 LUCAS 仍处于试验性阶段，但它第一次在欧盟的层级上显示出监测数据格式的统一性和可比性。土壤侵蚀、有机质流失、土壤渗透性降低、洪水和滑坡灾害等威胁都可以通过 LUCAS 项目所观测的数据，以间接的方式进行评估。

LUCAS 通过分布在 15 个 欧洲国家约 20000 观测点，可每年更新一次土地覆盖数据。土地覆盖数据是影响土壤侵蚀过程最为重要的因素。在今后的几年中，会有更多国家加入进来，向本项目提供更多的数据。据信，LUCAS 和其他欧盟数据源将为计划中的土壤监测系统提供数据上的补充,特别是在考虑到欧盟需要统合数据格式和监测方法的情况下。了解土壤遭受的威胁,无论是小范围的还是大尺度的,都需要从各种信息来源获取信息。一个最明显的例子是评估土壤水蚀,在这个过程中,需要将土壤、坡度(数字高程模型)、土地覆盖和土地利用、降雨量等信息通过应用模型结合在一起。模型的结果通常是生成土壤侵蚀风险图(见图2.6),按大洲粗略估算出实际的土壤侵蚀风险。

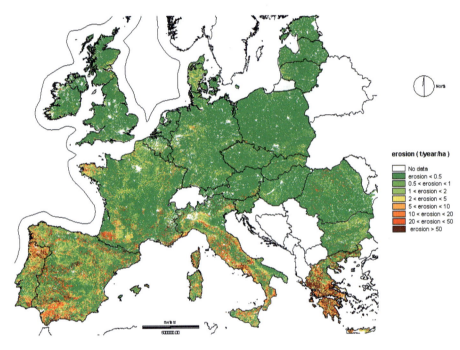

图2.6　泛欧土壤侵蚀风险评价项目(PRESERA)得出的土壤侵蚀风险图

(2)数字高程模型。

数字高程模型(DEM)可提供重要的地貌信息,如高程、坡度和坡长等。此类信息结合其他数据可用来进行土壤侵蚀风险评估以及其他诸多用途。最近,航天往返雷达地形扫描任务(SRTM)获取了高分辨率的数字地形数据库,这对于中、小尺度的土壤—地形的建模与应用有着良好的前景。例如,建立模型分析计算表土中的有机质含量时就必需使用土地利用、植被、气候和地形数据,通过DEM和卫星数据建模即可,图2.7为匈牙利建模分析土壤有机质含量的实例。

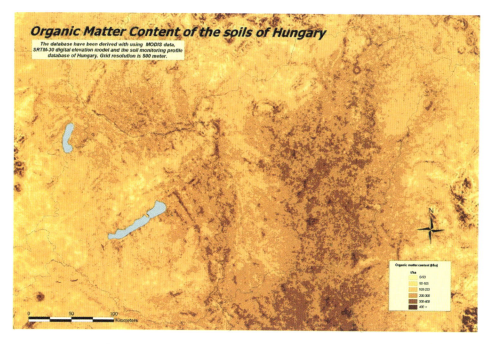

图 2.7 使用 MODIS 和 SRTM30 卫星数据通过 KRIGING 插值逼近法获得的匈牙利土壤有机质含量图（资料来源：Dobos et al.，2005）

（3）土地覆盖。

利用这些数据库分析土地覆盖的变化与土壤类型分布的关系，结果很有趣，分析显示，规划过程中根本没考虑土壤性质，也没有考虑土壤性质对土地利用优化的影响。高价值的适农土壤经常大面积地被房屋和基础设施占用，导致欧洲许多地区不可再生的土壤资源的永久损失。

（4）土地利用。

关于农业土地各种可选管理方式方面的数据，如少耕和免耕，可考虑到那些仅由简单的土地覆盖信息所考虑不到的有利因素。然而，欧洲在实际的土地管理方式方面的可用资料非常零散。欧盟的一些成员国已各自开展了一些试验性研究。

在欧盟层次上开展的唯一的一项试验性研究就是 LUCAS 项目，前面已经介绍过，该项目通过现场定期观测收集实际的土地利用信息。这些信息与促进水土保持的土地管理措施有关的信息结合起来，将来可能会极大地提高泛欧洲区域土壤侵蚀评估的能力。

（5）气象数据。

在欧洲，气象资料的公开发布问题依然不那么令人满意。在获取气象信息时受到这样那样的限制,提供的数据也是支离破碎的,一点用也没有。最常用的气象数据是由欧洲委员会的联合研究中心(JRC)生成的 MARS 气象数据库。该数据库包含每日的气象数据,空间上按50公里×50公里单元网格进行插值处理。原始气象观测数据来自于遍布欧洲各地以及北非和土耳其的数百个气象站。MARS 数据库一开始是为预测粮食产量设计的,供 JRC 做研究之用。MARS 气象数据的插值处理方法可浏览 http://mars.jrc.it/documents/stats/cgms/GridWeather.pdf.

(6)地质资料。

土壤发育的地质条件是土壤环境的一个重要因素,所以说地质资料是一个可靠的土壤信息系统所必需的。然而,传统的土壤调查往往与地质调查分开进行。为了采取多学科综合的方法进行土壤保护,将地学的这两个领域相互结合是非常必要的。

最可能首先开展合作的任务是联合建设一个欧洲土壤母质数据库。从欧洲土壤信息系统中现有的土壤母质数据出发(与图2.4的范围相同),进一步建立统一的地表物质数据集,将地表岩性数据与土壤数据整合到一个系统之中。

2.6 结论与建议

土壤数据与监测是水土保持战略的两个要素。欧洲目前很缺乏土壤数据,仅有的少量土壤数据对于制定土壤政策来说作用也不大。由于缺乏可靠的数据,目前还回答不了诸如"欧洲的土壤侵蚀在扩大还是在减少?"这样的重要问题。在这个方面,欧盟确实落后于美国、澳大利亚和其他经济合作与发展组织(OECD)国家。

本章简要回顾了欧洲现有的数据系统,分析表明需要采取一种统一的土壤监测方法,以便更好地利用已开展的许多监测项目或计划,提高这些项目资源的使用效率。要达到这一目标,目前欧盟尚缺少一个专门的机构担负起土壤保护与监测联络协调的角色(如可组建欧洲水土保持局)。

要统一土壤监测方法首先需要建立一个统一的基线数据库,缺少了它就无从监测土壤性质参数随时间的变化。如果把这个基线数据当成是一个长期监测计划的"第一次测量读数"的话,那么,选点、统一指标、统一土壤分类系统、取样和分析等步骤就必须按同一个标准或规范进行。欧盟及其成员国已分别立项开展了许多项目,目的都在于采集土壤数据,形成基础性的土壤数据库(电子格式)。在统一了数据采集方法后,将会提高效率、节约成本,其效益分析可查阅 http://www.ec-gis.org/inspire/ 上的资料。

与统一的基线数据库的数据密度相对应的比例尺应为1:25万或更大。这个比例尺的基线数据目前是通过法国、德国和意大利等国开展的项目而采集的。一旦建成了标准化的基线数据库,就能可靠地勾画出遭受主要土壤威胁类型的风险分区并使之具有可比性。风险分区时所考虑的主要土壤威胁类型包括:土壤侵蚀(水蚀和风蚀)、土壤有机质的减少、土壤板结、土壤盐碱化,以及滑坡区。

　　一旦确定了风险分区,那么就可在每种威胁类型的风险区有效地实施监测了,同时也能监测出欧盟各成员国所采取的水土保持措施的实际效果。

第3章　欧洲走向可持续土地管理

3.1　概述

本章将阐述如何将可持续发展的理念转换为土地可持续管理的原则。第5章将把这些原则与欧洲水土保持法律联系起来。

SCAPE项目的专题研究得出的结论之一是：人们在都清楚原则是什么的情况下有时却偏偏忽视了这些原则的存在。也许忽视原则的存在而不得不接受土壤和土地退化的后果是有其原因的，甚至理由还很充分，然而在许多情况下，人们在未经辩论的情况下就草率地做出选择，承受风险。造成这种结果的一部分原因是由于决策者经常得不到正确的信息，受不到正确的影响。仅仅知道原则是不够的，问题只解决了一半，另一半就是要求人们按原则行事，这是一个关系到政治意愿和普遍的行为准则的问题。下面讲述的事例主要来自西班牙和挪威，当然欧洲其他地方的情况也概莫能外。让我们通过这些事例来看看在实际工作中如果有关水土保持的劝进和忠言不绝于耳的话，情况将会怎样。

千百年来，农民们都知道如果他们冒险在陡坡地上耕种，那么那里的土壤就会慢慢流失，这就是为什么陡坡地通常都在林草的覆盖之下。既使是 3°~5° 的缓坡地也可能发生水土流失问题。欧洲已采用通用土壤侵蚀方程（USLE，文字框 3.1）生成的风险图来判别哪些区域为不宜耕种的陡坡地。这样做到底有没有用？

> **文字框 3.1　通用土壤侵蚀方程**
>
> 可预测坡地多年平均侵蚀率（片蚀和细沟侵蚀）：
>
> $$A = R \times K \times LS \times C \times P$$
>
> A = 潜在的多年平均土壤侵蚀量（吨／英亩／年），R = 降雨，K = 土壤可蚀性因子（吨／英亩／单位面积），LS = 坡长-坡度因子，C = 作物／植被和土地管理因子，P = 辅助性措施因子。

十年前，"全球变化和陆地生态系统"（GCTE）学会下的"土壤侵蚀网络"组织了一次赴 Medalus 项目区（位于西班牙的东南部地区）的科学考察。Medalus 是欧盟资助的一项重大研究项目的缩写，研究内容为 1990—2000 年间的沙漠化与土地利用。西班牙 Guadalantin 河谷地区每五年就发生一次极端降雨事件，使当地的田野里遍布细沟和小沟，这一景象使考察团里的欧洲科学家兴奋不已，却令非洲科学家大惑不解，因为非洲科学家们在上学时就学会了把土壤侵蚀当作灾害看待。为

文字框3.2 名词解释

Mattoral：①一种耐旱植物群落，以灌木为主；②地中海气候区。

什么西班牙的农民在25°的坡度上耕种？这不是明显地与西班牙国家自然保护研究院（ICONA，1988）应用通用土壤侵蚀方程绘制的侵蚀风险图相悖吗？"我们在非洲都明知不可为的事情，为什么会发生在西班牙？"一位非洲科学家质疑说。该考察团的领队解释道："西班牙的土壤侵蚀主要发生在平原地区，发生的条件是降雨，而本地区不常下雨。侵蚀主要发生在长着一种名为Mattoral（名词解释见文字框3.2）的灌木丛林地上。农业区的土壤侵蚀问题不大，仅当土地被撂荒或梯田垮塌时才发生水土流失。"非洲朋友把它看作是"不平等的南北对话"的又一个例子。他们在非洲实施欧洲援助的项目时，必须遵照标准和规范行事，然而，同样是欧洲的钱花在西班牙却没人把土壤侵蚀当回事了。

在挪威召开的SCAPE项目第四次研讨会上，我们实地考察了奥斯陆周边细沟侵蚀复杂和多变的新样式以及挟沙水流，了解到含磷酸盐和其他化学物质的废水被排放到原本清洁的湖水中。考察期间，我们目睹了与西班牙类似的情况，即农民在陡坡地上耕、耙。和西班牙一样，挪威十年前也应用USLE编制了侵蚀分区图，标出了具有高侵蚀风险的地区。回想到非洲朋友在西班牙时的疑问，我们不禁提出了同样的问题："为什么挪威农民不顾侵蚀风险分区图偏偏到陡坡上耕种？""这样做一点问题也没有"，当地农业技术咨询服务站的人回答说，"春季和春耕后雨量都很小。"在他说这话的时候，我们正在屋檐下躲雨。不要忘了挪威少有平坦的田地，农民要维持其收入不在陡坡上种田又到哪里去种呢？

笔者的这二次亲身经历说明了实地考察的重要意义。理论上，农民和土地管理者可采取很多手段治理水土流失，而实际上中央政府实行的农业政策影响着土地使用者的选择，可能导致他们忽视土地退化的后果。非洲因为一直延续着传统的农业耕作方式，农民必须循规蹈矩地以可持续的方式种田，否则就会自食恶果而饿肚子，所以非洲的农民不会在陡坡上耕种。当有的国家有本钱种他们想要的东西时，就该另当别论了。

举例来说罢，葡萄牙南部和挪威中部地区的主要作物都是小麦。为什么这两个国家都要成为小麦产区？葡萄牙的法罗市和挪威的奥斯陆市附近，按可持续性的标准来衡量，种植小麦实际上都是可行的，然而，真正的困难在于土地管理，它要求责任心强又训练有素的农业技术推广人员向地方当局准确地沟通、说明存在哪些风险以及小麦的长期价格走势如何。陡坡耕种也许会被社会认可，经济上也是可行的，但它是以牺牲土壤为代价换取被认为是更重要的目标，比如实现国家粮食的自给自足等。但是，从土壤学的观点来看，这肯定不是一种可持续的做法，而且为此而遭受损害的一方应就问题提出质疑。因此,良好的沟通是实现可持续土地管理的重要环节。

土地利用的改变和土地管理方式的改变对土壤条件产生的一些负面影响越来越明显,全世界及各地区都是如此。在发展中国家,受人口增长、土地退化和土壤侵蚀等原因的影响,对耕地的需求越来越多(Geist 和 Lambin,2001)。到 2030 年,世界人口将增长到 80 亿以上(联合国人口基金会,2001),意味着那时人均耕地面积仅 0.08 公顷。在工业化国家,农业集约化导致土壤退化,机械化耕作、单作农业、化肥、滥用杀虫剂、土壤固封等损害了土壤的天然条件。在国际或国际政策的驱动下实行的集约化农业管理系统经常不顾土壤的天然条件,导致土壤发生退化。

就土质和土壤生产力的恢复而论,土壤侵蚀是土壤退化最严重的后果之一。长期来说,农田的年侵蚀率若超过新土的生成率,那么土壤侵蚀就成问题了。如果一块土地其土壤净流失大于 1 吨/公顷·年,那么就可以认定 100 年之内这块土地的侵蚀是不可逆转的(Jones 等,2004)。而在实践上,即使是少量的土壤侵蚀就能产生严重的不利影响。根据国际土壤科学联合会(IUSS)的研究结论,土壤退化产生的社会后果之严重可与气候变化相提并论。

当今,世界上已把"可持续的土地管理"当作是解决土地退化诸多许多问题的钥匙。例如,为帮助穷国治理土地退化,全球环境基金会(GEF)和世界银行正实施有效的战略以期实现可持续土地管理的目标(GEF,2003)。一个名为"旱区土地退化评估"(LADA)的项目正在收集相关监测指标(文字框 3.3)。世界银行的可持续土地管理战略含有加强能力建设和提高觉悟意识方面的行动内容。

> **文字框 3.3　旱区土地退化评估项目(LADA)**
>
> 　旱区土地退化评估项目是 FAO 资助的项目,通过把传统经验与现代科技相结合,获取最新的生态、社会、经济和技术信息,指导旱区土地的跨部门综合规划与管理。

3.2　可持续土地管理中的土质原则

土质原则是一个极具价值的原则。如今,农民和其他土地使用者能够利用土质指标来评估其土壤的质量,土质指标的详细描述和解释可参见 http://soils.usda.gov/sqi/。农民可填写平衡积分卡(见图 3.1)以评估实现土质目标的绩效。在英国,目前的法规要求所有土地使用者监测土质。土质指标是个难得的工具,在世界各地的应用日益广泛,而欧洲应用得还不够多。

SITE INDICATOR SCORECARD
for Connecticut Community Gardeners

⬡ NRCS
USDA, Natural Resources Conservation Service

Date: _____
Site Name: _____
Form Completed By: _____

☒ *applicable box*

Site Indicator	Poor	Tolerable	Best
Accessibility			
1. Walking distance to site.	10+ minutes.	5-10 minutes.	0-5 minutes.
2. Availability of parking.	None.	Difficult.	No problem.
3. Visibility from street.	Can't see site, or it is very visible.		Somewhat visible.
4. Hilliness of site.	Very hilly.	Some slope.	Level or nearly level.
Topography			
5. Direction the slope faces.	North.	East, West.	South.
6. Bedrock, ledge, or large boulders on site.	Too many to work around.	Some, but can work around them.	None.
Location/Distance to Water			
7. Water access -- city water, pond, or river for irrigation.	No water available on the site, and no access to bring it to site.	Have to connect to city water or bring water to site.	Water available easily.
8. Water quality tested.	Bad quality, can't use.	Fair quality.	Good quality.
9. Runoff.	After rainfall, a lot of soil washes from site.	After rainfall, a little soil washes from site.	After rainfall, no soil is seen to wash from site.
10. Water on surface during the growing season (spring, summer, fall).	After a moderate rain-fall, water stays on surface for a few days.	After heavy rainfall, water stays on surface for a short time.	After rainfall, no soil is seen to wash from site.
11. Sun exposure through the day.	Shady, very little exposure.	Sun is blocked some of the time.	Mostly sunny.
12. Amount of existing pavement on site.	Too much pavement, will interfere with plans for the site.	Some, but can work around.	None.
13. Debris (construction materials, bricks, concrete, etc.)	A lot on the surface.	Occasional.	None.
14. Shortcuts through site.	Lots.	Some.	None.
15. Neighborhood pets.	Site used heavily by animals.	Some use.	No pet evidence observed.
16. Human activity on site.	Lots of evidence of people on site.	Some people use site.	Very little or no evidence of people on site.
17. What's growing on the site now?	Lots of unwanted trees or brush.	Some unwanted trees and brush.	Plants will not interfere with site plans.
History of Site			
18. History of site.	Not known.	Some stories may be true.	Definitely known.

图 3.1 土质计分卡(资料来源:NRCS)

土质已被经济合作与发展组织(OECD)列入全球性农业环境指标清单。

传统上,农业所说的土质特指土壤的产出能力,而不计土壤的其他功能。如今为土质赋予了一个比较常用的多功能的新定义(据 Karlen 等,1997),即:土质是土壤发挥作用的能力。绝不能用单一的参数作为指标来衡量土壤的诸多功能,虽然有些参数已经比较接近了,这一点将在下一节解释。大多数土质指标需要针对某一土地利用方式。也有些总体性指标,用来表征土质的大致情况,如欧盟最近在其农业环境指标研究项目(IRENA 项目,详细信息参见网站 http://webpubs.eea.eu.int/content/irena/index.htm)。

土壤中有机质含量高就说明土壤肥沃、生产力高(如好的缓冲能力、生物多样性高、良好的土壤结构、有效的固碳能力等)。表土中如果有机碳含量在1%以下,则说明土壤发生了退化;有机碳含量在20%以上的土壤则被称为泥碳或泥碳质土。然而,重要的是有机质含量的变化及其对土壤肥力的影响,而不是有机碳的绝对数量,高有机质含量的土壤有时反而非常易于发生退化。

适用于水土保持的土质的定义还有待积累更多的共识。"水质良好"或"空气质量好"说起来相对容易,但要是说"好的土壤"和"差的土壤"则需要一番辩论了,其判别标准一定要反映当地的条件。

土壤科学家采用的可持续土地管理的原则还包括土壤健康与适应性。

(1)土壤健康。

土壤作为一个有生命的生态系统,和所有的生态系统一样,其健康状况可通过以下问题来评价:生态系统如何能够发挥其所有功能?在给土壤健康下定义时,我们应该把土壤视为一个有生命的系统,盘点土壤在所处的地貌单元中发挥的所有重要功能,然后把某一特定土壤的条件与其在气候、地貌、植被覆盖等环境因素下自身独特的潜势作比较,就能对土壤健康的发展趋势给出有意义的评估。Doran 和 Safley(1997)把土壤健康定义为:在生态系统和土地利用等限制性条件下,土壤持续作为一个重要的生命系统而发挥其功能的能力,以维持生物生产力,改善空气和水环境的质量,并维护植物、动物和人类的健康。

(2)适应性系统。

所有的生态系统都能够适应随时间的推移而发生的缓慢变化,土壤也具有这种适应能力。在气候、生物和人类活动的影响下,土壤逐渐发生变化,例如,当把阔叶林改为针叶林时,针叶树的酸性落叶可引发土壤灰化过程,即腐殖质和含铁的颗粒从土壤表层向下运移并积淀下来,结果是表土颜色发白,而深层土壤则呈黑色和红色。

这是个自然的过程,系统通过自身调整而适应这种变化。然而,当长期和短期的指标都超过明确的阈值时,系统中就发生了不可逆转的变化,不再能自我适应了。例如,极端降水在斜坡上形成的沟蚀,冲沟壁上植被无法生长形成保护,结果整个系统将受到侵蚀的影响,即使在降雨量很低时情况也是如此。这样一来,整个斜坡地发生土壤侵蚀,对下游会构成损害。

3.3　土壤功能

土壤功能即土壤所提供的生态服务,可用于比较不同的地理区域及其所承载的经济价值。土壤功能综合了社会经济和自然地理两大系统,把文化价值和对自然的感知联系起来。应用土壤功能的概念可评估土质,体现出该方法的应用价值。建议参考美国农业部自然资源保护局的土质网站 http://www.soils.usda.gov/sqi/ 的内容进行土质评估。该网站会问到这样一个问题:"土壤能为您做些什么?"

按照欧洲委员会(2002)以及 Dorren 等人的观点,土壤最重要的功能有以下几个方面。

(1)生产功能(生产粮食和其他生物量)。

人类的生存离不开食物、木材、纤维和其他生物量的生产,而这些物质的生产都与土质直接相关,因为土壤是植物根系赋存的媒介并为植物生长输送水分和养料。土壤还是原材料的一个重要来源,如沙、石子、黏土、矿物质和泥碳。在采掘这些材料的同时也意味生态系统的平衡发生了变化,要求我们在进行地表景观规划和发展上随之作相应的变化。

(2)土壤的调节功能。

土壤调节着水和养分的循环。土壤就像一座化工厂,可贮存并转换矿物质、有机物、其他化学物质以及能量。另外,它还是掌管水的贮存和过滤的主要媒介物。地下水是最重要的淡水水源,一些国家依靠土壤将受污染的河水过滤为饮用水。土壤对空气质量也有重要影响,因为土壤可从大气吸收或向大气释放二氧化碳、甲烷和其他气体。就土壤的调节作用而论,土壤还起着水土保持的作用,防止侵蚀和洪水灾害的发生。

(3)生物栖息地和基因库。

土壤中生活着巨量的细菌、真菌、昆虫和蠕虫等生物,所以土壤成为一座重要基因库,并发挥着重要的生态功能。土壤生物还具有其他方面的作用,如微生物将垃圾分解成腐殖质以及为庄稼的生长提供养分等。腐殖质本身吸纳水的能力强,同时为许多土壤生物提供生存环境。毁坏了土壤生物的栖息场所意味着土壤就不再能以适当方式发挥其功能了。

(4)人类的自然与文化环境。

土壤是人类活动的舞台,是自然景观和文化遗产的重要组成部分。人类的祖先往往首先选择在土壤最肥沃的地方定居下来,然后才逐步开发边际土地。由于在过去的半个世纪里土地利用发生了变化,土壤的退化经常与地表景观的退化和文化遗产的破坏相伴左右。

此外,土壤还是信息、美学和科学的载体。土壤中埋藏着古人类化石及珍贵文物,使人类更好地了解自身历史和发展过程。

土壤以生态系统的形式运作,当超过内在的阈值时,就会发生不可逆的变化,这意味着超出了土壤生态系统的耐受范围(文字框1.2),所以要了解土壤生态系统对外部压力和耐受力的大小,了解土质信息并弄清退化的具体过程,然后才知道如何应对。通常采用易于测取的指标间接地衡量土质,这样就可以探测出土质的变化。这个方法简单易行,不仅专家会做,土地所有者和管理者自己也会做。

3.3.1 土壤功能的复杂性与多样性

把土壤和土地的上述功能可归纳为生产功能、调节功能、载体功能和运输功能,这些功能都可以量化。然而,其他类型的功能,如栖息地功能和文化与遗产功能等,属于文化和心理学范畴,比较难以定义和度量。虽然可以把各种功能的价值折算成金钱,作为评估和规划的依据,但是文化遗产是人类共有的,不能将其受益者局限于一地。一项资源也许仅用于当地,直接造福当地的居民,但从另外一个角度来看,这项资源的效益却是地区性的、全国性的、全欧洲性的甚至是全球性的。以此类推,所有区域都是多功能的,服务于众多人,有的住在当地,有的可能远离当地,他们可能意识到也可能没意识到土壤所提供的一切服务功能。不同的受益者对各种功能的价值的认定也有很大差异。土壤功能的复杂性和多样性突出显示出人们对地表景观价值的认定和需求的多元性。

众所周知,过度使用土壤的某些功能(如生产功能)可能损害其他功能的发挥,很容易造成自然资源的耗损以及整个系统功能的退化。在评估中应考虑土壤功能发挥上的时空变化。换句话说,除了空间上复杂性以外,在土地利用和管理上还要考虑时间因素。

3.3.2 对一些功能的进一步解释

生产功能:生产功能反映土地自身的内在质量,同时也反映出土壤中影响实际生产力的能量和水的含量变化,以及土地使用者和管理者对土地认识和了解程度。

土壤对水分和养分的调节功能:水分和养分的调节功能可能因几个方面的影响而受到削弱。土壤通过空隙贮存或释放水分而实现水的调节,这种调节能力会受到土壤生物的影响,因为有些土壤生物可分泌一种物质把土壤颗粒胶合成具有水稳定性的集聚体。水稳定性的土壤集聚体的存在与否可显示土壤是否具有调节水分和养分所必须的生物活性。这种生物活性不仅取决于土壤是否充分纳入了适当的有机质,以及不影响生物活性发挥的适宜的土壤温度湿度条件所维持的时间长短。因为这些原因,我们把土壤的结构稳定性看成土质的一个关键指标。

对于更为干旱的土壤来说,水的调节作用受石膏、水溶盐和黏土矿物分散作用的影响很大。分散性条件常见于低盐、高钠含量的土壤中。黏土的分散作用是一个气候敏感过程,南欧地区得出了一个气候学的阈值(Lavee et al.,

> **文字框 3.4**
>
> 絮凝是指土壤胶粒凝聚或交联成为土骨架的过程,从而使土壤结构粗化。分散是土骨架分离(分散)成更小的土壤胶粒的过程,从而弱化土壤结构。

1996),高于或低于这个阈值时黏土要么絮凝要么分散(文字框3.4)。南欧年降水量低于400毫米,分散作用是调节土壤中水的入渗和贮存的关键过程,分散作用影响的土壤区域随时间(反映在降雨量的不同)和空间的变化而变化。SAR(钠离子吸附率)和ESP(交换性钠离子百分比)是反映土壤功能的两个很好的参数。

涵养水土的功能:土地是如何影响水的调节的,了解这一点很重要。人类活动(如耕作)会退化或破坏某些结构,同时创建另外一些新的结构。发生退化的结构往往是历经漫长的时间在土壤与植物和动物的相互作用下形成的,而人为创建的结构可能是人为构筑物和梯田等。土地可看作是由水文学或生态学响应单元镶嵌而成的复合体。植被、土壤和水之间的正反馈在这些单元之内调节着降雨和径流的再分配。局部过程可在更宽广的区域内产生深刻的影响。土壤调节水分和养分功能的退化可能导致径流和侵蚀量的增大,继而降低土地涵养水土的效能。

3.4 土壤威胁

本节将简要地总结《欧盟通讯》(2002)中所讨论到的土壤面对的各种威胁,它们之间是相互关联的,产生这些威胁的原因往往相似。保护土壤的行动在许多情况下意味着要对不同的威胁类型采取综合治理的措施。

欧盟环境总司考虑到的土壤威胁种类有以下几个方面。

(1)土壤污染。

土壤污染可分为点源污染和面源污染。点源污染经常与垃圾填埋、采矿和工业生产有关。欧盟十五国(欧盟东扩之前)产生污染的点源数量估计为30万~150万。欧盟在清洗受污染的土壤防止污染物质渗透到地下水和地表水体方面已经耗费了大量的人、财和物力。

土壤面源污染一般与大气中沉淀物、某些农业生产方式以及废水、污水循环处理不当有关。大气污染物即含酸性又具毒性。酸性成分可降低土壤的缓冲能力,使土壤的pH值逐渐下降。像 Hg、Cd、As、Pb 等有毒元素以及一些有机化合物会逐渐污染土壤并损伤土壤和生态系统的功能。这些污染元素将成为营养物循环过程的一部分,从而威胁人类健康。另外,核放射性尘埃可滞留在土壤中,特别是^{137}Cs,导致潜在的污染危险,正如我们在切尔诺贝利核电站事故后所观察到的那样。

(2)土壤侵蚀。

严重的土壤侵蚀一般会对土壤功能造成不可逆转的损伤,使土质恶化。土壤侵蚀威胁着农业和农村地区的生计。另一方面,土壤侵蚀也可能导致地表景观的改变,从而催生出新的土地利用方式,如旅游观光和户外休闲业。今天,荷兰森林和老沙丘残迹构成的景观已成为旅游、室外休闲和自然保护的胜地。然而,土壤侵蚀终究是弊大于利的。侵蚀的影响通常分为现地影响和非现地影响。

(3)有机质含量下降。

土壤有机质由有机物、生物体和腐殖质组成。一般来说,有机质的生成和分解处于平衡状态。但是,农业生产和土壤整治等因素会干扰这种平衡,导致有机质含量下降。在气候变化的讨论中取得的共识是,增加土壤中的碳封存是减少大气碳含量的基本方案(《京都议定书》第3.3条和第3.4条)。有机质含量高的土壤一般都更耐侵蚀和压实。由于土地利用的变化,特别是农业集约化,欧洲土壤的有机质含量呈总体下降的趋势。

(4)土壤固封。

土壤固封指土壤上覆盖有公路、铁路、工厂和房屋。被固封的土壤是不能够发挥其原有功能的,而且这些变化往往是不可逆转的。在许多欧洲国家,农业良田被固封都成为了主要问题。由于历史上城市都是围绕农业区建立起来的,这一点很容易理解。还有,征用农田修筑公路和铁路比征用林地的代价便宜。

考虑土壤固封时不要忘了两点:一是不要占用生产力高的农田,特别是农田占的比例较小的地区;二是防止这些地区的退化。后者是个从未讨论过的新问题。需要采取积极的政策防止土壤固封,挪威已实施了此类政策。

(5)土壤压实。

当土壤经受重型机械的碾压或牲畜践踏时,就会因机械压力而发生压实。土壤越湿润就越容易压实。土壤压实问题往往不容易觉察,超过一定的阈值时(因土的类型而异)情况就不可逆转了。土壤压实导致了土壤的渗透性降低,因地表径流饱和以及沿拖拉机车辙发生细沟侵蚀,土壤侵蚀的风险增大。它还增加了冬季北方牧场发生伤害事故的危险。灌溉面积的增加加大了土壤压实的风险,因为潮湿的土地比干燥土壤更易于压实。

(6)土壤生物多样性的下降。

土壤生物多样性的增多对土壤健康可产生积极影响。土壤生物对维持土壤肥力所必须的物理和生化性质是至关重要的。集约化农业造成和有机质损失导致土壤生物多样性减少,进而影响土质和土壤耐受能力,使土壤更容易受到其他退化过程的影响。蚯蚓的消失就是一个很好的例子,如果没有蚯蚓的帮助,要恢复因土壤压实而导致的土壤结构破坏将更加困难。

(7)盐碱化。

土壤盐碱化在自然情况下就会发生,若灌排措施不当也会发生盐碱化。盐对土壤的影响可分为碱或盐渍土和碱化土。盐渍土占的面积大,往往是人为影响的结果(Crescimanno 等,2004)。盐碱化在南部和东部欧洲是一个日趋严重的问题。在欧洲,26 个国家遇到盐碱化问题,25% 的地中海地区的灌溉农田受到盐碱化影响。盐碱化可造成农作物大量减产,治理起来代价太高,几乎不可能治好。一些重灾区,许多土地被撂荒,不再花力气治理了。俄罗斯联邦大约有 30 万公顷土地发生了盐碱化,情况就是如此(EEA,2003)。

(8)洪水与滑坡。

洪水与滑坡灾害发生的风险往往与土地利用和土地管理有关。现代农业生产中,通常将多余的水尽快地从田间疏排到河流之中。土壤有机质含量的减少再加上土壤的压实使得土壤持水能力降低。换句话说,土壤储存和滞留水分的能力降低了,结果导致洪水风险增加。应实施土地管理战略,把多余的人尽可能长时间地滞纳在流域的上游地区。滑坡往往与地质条件、河岸侵蚀,以及土地利用的改变有关。

3.5 与土壤退化和侵蚀过程有关的土壤和土地管理

本节介绍土壤退化过程及其与土地管理之间的联系。在介绍一些必须遵循的原则时按从总体到局部的尺度次序进行。

3.5.1 全球性或全国性尺度上的长期考量

从全球尺度上看,土壤退化和土壤侵蚀背后的原因是复杂的,往往涉及国家政策和国际政策。土壤加速侵蚀的驱动力是多方面的,包括社会的、经济的、生态的和自然的,所有因素叠加起来一同发挥作用(Esteve 等,2004)。

(1)作物选择。

当今,全球化驱使农民随世界市场价格来选择种植农作物,补贴也好零售也罢,反正什么有利可图就种植什么。对于一些农民来说,为了生存不得如此;对另外一些人来说只是按常识办事而已。农民对价格刺激和世界价格变化的反应是非常迅速的,而当地的条件和适宜性则往往不在考虑之列。种植最赚钱的作物其轮作计划的时间间隔很短,从而增加了土壤传播的作物病害发病的危险。这反过来要求对土壤进行消毒处理(文字框3.5),从而对环境又带来不利的影响。如果环境不允许对土壤进行消毒处理,那么土地就发生退化甚至撂荒。严重的土媒病害可看作是土壤退化的一种形式(如马铃薯孢囊线虫病)。

> **文字框 3.5**
>
> 土壤消毒:使用某些杀虫剂为土壤除菌。此法常用于消除以土壤为媒介的病害的感染,如线虫病。

(2)牲畜密度和土地撂荒。

牲畜饲养和交易是一个涉及面广的重要问题。SCAPE项目的案例研究进行了一些探讨(见第4章)。单位面积土地上增加牲畜蓄养量会造成土壤板结和粪便处理的问题。在许多欧洲国家,牲畜密度远远超过了生态适宜放养密度。当植被因过度放牧而受到结构上的破坏,侵蚀过程就开始了。据报道,这种情况不仅发生在地中海国家,也发生在爱尔兰、英国和挪威等国。北美的牧场课学已发展到制定土壤健康特征指标体系的阶段,可以评估过牧的影响。最近,在加拿大阿尔伯塔省,数以千计的牲畜被重新安置,原因是牧场的健康指标表明该牧场已处于荒漠化初期阶段。

土地撂荒后的情况多种多样,北欧出现灌木、乔木侵占撂荒地,而在南欧,山火的风险加大。

(3)旅游业。

旅游业的发展是改变土地利用的重要驱动力,旅游业可导致诸如土壤固封、压实和侵蚀等问题。山区和沿海地区都特别容易受到游客造成的土地破坏(Esteve,2004)。

(4)荒漠化。

根据联合国防治荒漠化公约(UNCCD)中的定义,荒漠化包括干旱、半干旱和亚湿润地区的土地退化,其成因为气候变化和人类活动等各种因素。地中海地区,由于其气候条件、土壤和地形特征、农业和水资源开发等因素的组合,被认为是荒漠化敏感地区(Castillo等,2004)。荒漠化导致土地撂荒,有时是整个社区被荒置(Rosell等,2005)。这一进程中即含有自然因素也含有社会经济因素。防治荒漠化公约对荒漠化的定义仅限于干旱地区,而南欧和北欧出现的土地退化问题在许多方面与荒漠化相似。SCAPE项目为联合国防治荒漠化公约建议了一份补充议案,以涵盖包括冰岛在内的欧洲非干旱地区。

(5)气候变化。

天气模式的变化导致更加严重和频繁的干旱,或导致强降雨的时段增加。这两种情况都会造成土壤侵蚀的加剧,特别是对于生态环境脆弱的地区。

大气水平衡深受土壤性质的影响,但是,这一事实经常不被人觉察,人们经常把气候变化当作一个独立的过程。然而,土壤利用或土地管理对气候已显现出许多影响,土壤的光谱反射率和保水能力的变化间接导致土壤温度的升高和降水量的减少。如前所述,水土保持是减少温室气体的战略措施之一。

3.5.2 局部尺度上的土地管理原则

某一点发生的土壤退化表现形式包括有机质减少、土壤压实板结、土壤污染、土壤生物多样性的减少以及其他形式的土壤性质的损伤,如阳离子交换能力、保水能力和土壤结构等。通常,不同类型的土壤退化同时发生,其中最为显而易见的土壤退化现象就是土壤侵蚀。

> **文字框 3.6 案例显示有的湖泊丧失了其功能**
>
> 通过侵蚀过程而输移的营养成分、污染物和农药会污染地表水和地下水,从而使其发生富营养化。饮用水水体富营养化对人类健康有直接影响。在西北欧,富营养化造成地表水域蓝藻泛滥,受污染的贝类已不再适合人类食用。藻类导致水的含氧量下降,造成其他水生生物死亡。湖底泥沙富含营养物质,在采取水土保持措施之后很长时段内都有可能引发问题。淡水和咸水生态系统中均可能发生富营养化。水土流失可影响到近海生态系统,比如可影响到斯卡格拉克海峡的珊瑚礁。

土壤退化所造成的损害或影响既可能发生的现场,也可能发生在异地,即称之为非现地影响。土壤侵蚀对土壤条件的影响表现为有机质含量减少,以及植物扎根深度变浅,导致储水能力和养分含量下降。泥沙沉积地区则受到侵蚀过程中向下输移的营养物质、污染物和农药的污染。从长远来看,水土流失导致土壤生产力的大幅下降,世界各地都有这方面的报告。最近来自捷克共和国的一份报告指出,土壤侵蚀可导致一个农场被废弃(Fanta 等,2005)。

现地影响的发生过程一般很缓慢,只要土壤的损害没有超过一定的限度,农民只要增施化肥就可增加产量(Wiebe,2003)。非现地损害往往更为严重,它与泥沙颗粒的输移和沉积有关(Dorren 等,2004)。这种损害往往难以追根溯源,而且许多年后才能显现出来。泥沙会阻塞道路、淤塞河道和水库,包括那些用于发电和灌溉的水库。然后,洪水的危险大大增加,会带来巨大的生命财产损失,治理起来成本非常高。

在北欧、中欧和南欧,非现地损害主要影响到基础设施和河道。北欧发生了水体富营养化(文字框 3.6),挪威、丹麦和德国等几个国家已经制定了减少水土流失,防止淡水和海水生态系统污染的国家战略。

关于欧洲土壤退化和侵蚀对农民和社会造成的经济后果还没有得到全面的研

究。土壤加速侵蚀严重影响到当地的经济生产力和非现地的环境质量（Dorren，2004）。土壤侵蚀的现地影响造成的损失包括产量降低，还有化肥施用量增加以及灌溉费用升高，这是为补偿土壤丧失的肥力和保水能力而发生的成本。事实上，农民只要仍能从土地上获得收益，他们倒不在乎这种现地影响。

非现地影响造成的损失更大，计算起来也更为复杂。据估计，欧洲土地总面积的17%以这样或那样的形式遭受着土壤侵蚀的影响（EEA，2003）。估计每年因现地影响造成的农业经济损失为每公顷53欧元，对周围民用公共基础设施造成的损失估计为每公顷32欧元。与之相比，受非现地影响的面积要大得多，总的损失也大得多。对土壤侵蚀造成的损失进行更详尽的分析计算是件急迫的事，更准确的计算数据有助于评估水土流失防治措施的成本效益。

土壤退化还与土地所有权有关联。在农业边际地区，由于农田所有者将田地弃耕，农业用地常常被租赁出去。农民大多缺乏通过改善土地管理以减少水土流失和土壤退化方面的知识，更感兴趣的是通过土地租赁在短期内就获得可观的经济收益，而不愿作长线投资，以求土质的长期改良。挪威、芬兰和爱沙尼亚都有此类情况的报道（Elgersma et al. 2004；Vihinen et al. , 2004；Mander et al. , 2004）。对于那些出租田地的农民，应设法在经济上鼓励他们通过长期投资改善土质。

3.6 制定可持续土地管理制度的战略

3.6.1 农业生产政策战略

很显然，如果到处都采用补贴手段吸引农民种植某种特定作物的话，农民在考虑土地利用方式时就不再受土地质量的限制了。因此，减少土壤侵蚀和退化的风险的一个明确的方法就是按当地土壤、地形和气候条件制定土地管理制度。这通常需要从以量为先的生产导向型制度转变为以质为先的土地管理制度，其中要考虑整个地貌单元以及维持生物的多样性。我们面临的挑战是如何在一个合理的社会经济框架内促成这一转变，需要农业生产方式方法上的创新。

过去，"基于面积和作物种类的农业补贴政策"（CAP，见文字框3.7）使原来的边际草地转为种植粮食作物，如油橄榄。这一政策的后果是，这些地区的土壤和环境已遭受破坏或处于危险之中。

干预措施通常是指预防、减灾、

> **文字框 3.7**
> 　基于面积和作物种类的农业补贴政策（CAP）旨在支持欧洲农业发展的欧盟共同农业政策，2003年进行了调整。在这个政策框架内，欧盟成员国可以制定各自的国家性法规，以促进农业发展。2003年后，需要对该政策进行环境影响评估。

恢复和治理措施。预防措施是指在存在风险的地区采取的措施。风险评估需要具备当地土壤和地形条件的专业知识。减灾战略是指在正发生着土壤退化和土壤侵蚀的地区采取的措施,减灾措施通常集中于减缓退化进程和改善土地条件或增强土地的耐受力,全面改革土地管理制度,包括造林和建立自然保护区等措施,可作为可选的措施之一。恢复和治理战略的目标在于恢复先前的土地利用或功能,在不可能恢复先前状况的情况下,则有必要采取全新的土地管理战略,如植树造林或建立自然保护区以及美化环境等措施。

3.6.2　技术措施

情况不同,相应的技术措施也各异。人们常说的一个方法是尽可能保持土壤在作物或植被覆盖的覆盖之下,时间越长越好。植被或地表覆盖物可保护土壤免受雨滴的击溅破坏作用力,同时提高表层土壤的保水能力。另一种方法是减小径流量和流速,可通过建立梯田或草皮缓冲带的手段实现。等高耕作可用来减少径流流速,而且已设计出特殊的办法以提高入渗,如沿等高线筑一些小平台等。

土壤耕作方法也可用来改善土质,减少土壤板结。一些国家已应用了免耕和少耕作技术。欧洲的比利时和法国进行了大面积的试验。但这项技术却一点不受农民欢迎,问题出在杂草的清除和除草剂使用上。在欧洲,避免冬耕和春耕的耕作制度以及选择在秋季播种的作物品种在改善土质方面非常有效。

沿河和水塘建立缓冲带和沉沙池以免泥沙流入河流水体,此类技术措施具有实效。其他措施还有修建田间截水沟(管道),它需要对排水系统的建筑物进行维护。

土壤管理措施需要仔细规划和并安排好时间表,应以改善土壤性质为导向。恢复土壤结构应限制重型设备的使用,特别是在潮湿的地形条件下。田间施用绿肥或混合肥料以提高土壤的有机质含量。应注意有机肥料的质量,因为有机肥会受到污染,有时会引发问题。

橄榄种植园和葡萄园的表土层上往往把杂草和其他植被清除得一干二净,以防杂草与作物争水和养分。但是,这种方式却大大提高了土壤侵蚀的风险。

南欧地区自罗马时代开始就在陡坡地上广泛地修筑梯田。在目前的社会经济状况下,这些地区增加农业产量的可能性是有限的,许多梯田被撂荒或被夷为平地。年久失修导致许多梯坎崩塌。然而,情况也不尽然,许多以前修筑的农业梯田依然保持完好,当然完好程度取决于坡度、岩石类型和当地气候。一种情况是坡地上树木的根系增强了坡面的稳定性,而另一种情况则截然相反,坡地上的树木反而因为给坡面施加了法向压力而使坡面发生破坏。还有一种情况,即树木可导致坡体潜蚀,使坡体内暗沟发育,顺此暗沟集中排水则可触发滑坡和沟蚀。

当梯坎崩塌时,不可逆转的严重侵蚀过程往往就此发端。在偏远地区,此类侵蚀不成其为风险,不能算是土地利用变化的必然结果,仅当崩塌靠近村镇时才可能造成下游的损害。

3.6.3　决策支持系统

边远地区的农民需要额外收入来源,且高达80%的农民找得到额外的收入来源(Elgersma等,2005)。实践证明,发展多功能农业和生态农业(文字框3.8)使农民受益良多。在郊区,生态农场依据订购系统按需求生产蔬菜和水果,其效果非常显著(Dorren,2004)。一些生态农场已在学校开设了有关教育课程,引发人们对生态食品的兴趣。在欧洲更偏远的地区,把农业与旅游和探险相结合的做法越来越普遍。品牌和营销对增加产品的附加值具有重要意义,五渔村的案例就是明证。

> **文字框3.8**
>
> 多功能农业是个社会上的说法,即超越了农业原始意义上生产粮食和纤维的作用,另外还提供其他一些功能,如维持农村地区的生存能力,提供食品安全保障,保存文化遗产,维护诸如农业景观、农业生物多样性和土地保护等环境效益(Elgersma et al.,2004)。
>
> 生态农业是指耕作方式尽量与当前的自然资源状况相平衡,并禁止使用化肥和农药。

应向土地所有者和当局提供有关土壤适宜性和土地生产力方面的知识,以便因地制宜地发展当地农业生产。因此,信息系统就成为必要了。信息系统应适用于农场一级的自然资源管理,重点放在土地退化风险及其治理措施上。西班牙和挪威开发了可供农民使用的信息系统:①地中海地区农业土地评价决策支持系统(MicroLEISS DSS);②挪威土壤信息系统。

(1)地中海地区农业土地评价决策支持系统(MicroLEISS DSS)。

MicroLEISS DSS(De la Rosa et al.,2004)用来协助决策者应对具体的农业生态问题。所使用的土地属性相应于三个主要因素:土壤、气候和耕作,建立起一个数据库将这三大因素连接起来。该系统是基于互联网的,用户在网上就可以操作其中的模型。

MicroLEISS决策支持系统的重点是通过改善农业土壤的利用及管理实现对土壤的保护。通过系统中的12个土地评价模型,可给出防治当地土壤退化的具体措施,措施分为两个方面:①土地利用规划措施;②土地利用管理措施。

总之,MicroLEISS决策支持系统(http://www.microleis.com)是一个咨询、决策

支持工具的范例,通过它可让公众利用和共享科学数据和科学知识。该决策系统对于编制《农业生产最佳实践导则》以预防土壤退化方面特别有帮助。

(2)挪威土壤信息系统。

挪威土壤信息系统的开发始于 1980 年代初。在 1988—1989 年,水华造成北海和斯卡格拉克海峡的海洋生物死亡。水中的氮和磷污染物主要来源于农田。欧洲北海沿岸国家一致同意减少这种污染物。挪威启动了一项土壤制图项目,目的是为改善土地管理、减少水土流失提供背景信息。到今天为止,50% 的农业区进行了土壤调查和制图。现场测取的土壤数据包括土壤组构、有机质含量、排水性能、坡度等,数据采集的精度为比例尺 1∶15000。通过实测数据的建模分析,编制出 16 份专题图,图中包含有关土地适宜性、秋耕侵蚀风险、可选的不同耕作方式以及高侵蚀风险地区水土保持措施建议等信息。

> **文字框 3.9**
>
> 农业环境计划:为了减少农业对环境的影响,农民应用更环保的农业生产方法可获得财政补贴,这项补贴补偿了农民因此而减少的收入。

农业环境计划(文字框 3.9)利用这些信息确定利于水土保持的不同管理措施的补贴费率。农民使用专题图拟订农场管理计划,并订立自己的义务环保行动计划。自 2004 年以来,所有土壤数据都可以通过互联网查得(http://www.jord.nijos.no),农民还可以通过设定的密码查询某个农场的相关信息。

可持续性指数模型:可持续性指数模型是由 SCAPE 项目研究出来的(Arnalds,2005)。它旨在建立易于辨识的参数和尺度范围,以便联系有关的财政补贴和土地利用政策制定出土地利用决策。它还能对不同土地使用方式进行比较,协助社会分配资源实施参与式项目和环保计划,并协助决策。该模型并非仅仅以土壤为价值取向,它还可以权衡任何一个给定的土地利用方式对土地带来的影响(如土壤侵蚀、污染和土壤的功能等),然后将这个影响对照该土地利用方式的必要性和效益进行平衡考虑。

此类模型要简单易用,否则,随着复杂性的增加,其社会的适用性和优势就降低了(Tainter,1995)。要建立可持续指数模型,必须以大量的有关土壤、生态系统和土地条件评价方法方面的知识为基础,还要充分了解各种土地利用方式对土地本身的影响是什么。

①土地利用方式多样,但可以通过描述给予定义(如生产种类:葡萄酒生产、小麦生产等;按地貌单元的位置、气候条件和土壤资源加以区分)。

②按地点或土地利用方式评价土地条件现状(如存在 A 层或有机质层,牧场

上的植被覆盖等)。分别评估影响(如化肥污染、土壤侵蚀危险等),影响的评估应相应于不同的威胁类型。每种做法的好处需要对照必要性进行权衡:是否有存在生产过剩?食品是健康的还是不健康的?土地利用是否支离破碎没有连接成片?运输距离有多长?诸如此类。所有这些因素在考虑时必须兼顾眼前和长远。

③权衡的结果可以用来计算可持续性指数(SI)。若 SI 满足某一标准时,就可以计算出补贴的数额。SI 的标准因作物而异,并不强求一律,只要是最适合土地和社会的,就是最恰当的,应在决策时采用。

④土地所有者继续沿袭同样的土地利用方式来回应决策,他以前的做法可能是对土地和社会有益的,也可能是有害的,他还可能调整其耕作方式,在这种情况下就要进行监测并修改决策。

三个因素即条件(C)、影响(I)和效益(B),每个因素按从 1~5 赋分:1 表示"最好",5 表示土地利用的不利影响最大(见图 3.2)。分值相乘后得出一个简单的指数,标在数轴上就可判断土地利用是可持续的还是不可持续的了(见图3.3)。

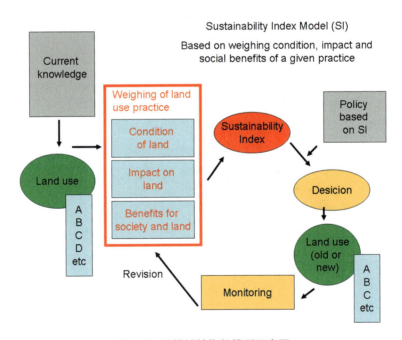

图 3.2　可持续性指数模型示意图

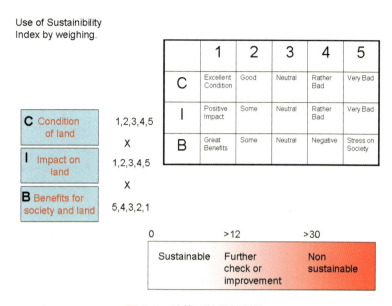

图 3.3 计算可持续性指数

有人可能质疑在计算 SI 指数时将各个因素从 1~5 进行打分很成问题,特别是对于社会效益这一项。然而,不管模型如何,这种判断要由社会来做,特别是在使用公共资源的补贴的情况下。在许多情况下,对此项的判断是简易而直观的(当对社会和国计民生的影响较大时)。

3.6.4 土地管理的其他考量

(1)放牧。

应当特别注意边际土地和废弃荒地的管理。边际土地常常用于放牧。放牧的牲畜数量超出了土地承载量(Schnabel,2003)以及南欧粗放的放牧方式导致了土壤侵蚀和山体滑坡(Bautista 等,2004)。需要调整放养密度以适应土地承载力,同时设定层次得当的管理目标。由于牧场生产力随气候差异而变化很大,放养密度也有所不同,但以不超出土地的耐受力为原则。

(2)火灾风险。

欧洲南部地区当撂荒地遭受灌木丛入侵后,火灾风险随之增加,需要预设明确的防火措施。通常,火灾发生时,土壤侵蚀也急剧增加,要花上很多年才能使保护性植被得以恢复。

(3)荒漠化。

荒漠化防治包括可持续土地利用、土地退化预防和整治以及退化土地的恢复。防治荒漠化战略中应注意管理措施的效果(Castillo 等,2004)。当土地利用的状况得以改善后土地条件并不见好转,就需要采取恢复措施了,恢复措施的重点应放在保护和维持该地区的水文功能上。

(4)植树造林。

南欧地区的边际土地和撂荒地上往往采取植树造林的措施。对某一局部地点,一定要通过认真研究确定出具体的目标,再相应地制定造林计划。植被恢复和绿化树种应适合当地的自然生态系统和地表景观。目前,新造的森林通常考虑多功能目标,常见的有生产、水土保持、旅游、休闲和美化环境,还应该考虑到要重建土壤的功能(如本章前面所讨论过的)。土质应作为造林和再造林项目的根本基础。在退化地区种树过程中以及在修建林中道路时是最容易引发土壤侵蚀的。在造林时选用的初始树种应适应退化了的土地的条件,应具有将磷和氮固存在土壤中的能力,而且所选树种应有利于在造林区创建微气候。这样一来,初始树种长大后可为后续更高价值的树种落地生根创造条件,提高了水土保持的效率。一般来说,当务之急是尽快地将退化地区用保护性植被覆盖起来,保护性植被常为草和灌木。植被覆盖层建立以后,再引入可以长高的树种。应始终保护幼年林,禁止在其中放牧,这相当于保护了巨大的造林投资。在成林后期,可允许有限的放牧活动,但放牧活动应根据当地的情况进行控制。有时有限的放牧也具有一定的好处,如可使植被更加多样化的,有助于森林消防,而且为维持当地社区的生计提供了多样化的农业生产手段。

应严格预防森林火灾,采取措施将火灾发生的可能性控制在最低,同时做好减灾预案。所有的森林管理作业都应把气候干燥时森林火灾的预防作为一个重要组成部分。在必要的情况下可采用计划烧除的防火技术,但这需要生态知识、充分的经验和良好的准备,还有其更可行的技术方案(如不同的植被基层,放牧等)。

为改善土壤的水文功能,应优先发展稳定的植被并建立良好的土壤结构。建设林间道路时应考虑到水文,通常可修筑一些阻流障碍,阻止径流进入冲沟。减缓径流的流速有助于减少土壤侵蚀,同时有利于泥沙沉积下来。

造林地区的土壤有机质含量往往非常低。施加有机肥如堆肥或下水道污泥是一种增加土壤有机质含量的方法。为了避免有机肥对土壤的不利影响,当施加生物有机废物时应保证其中不含有可污染土壤的物质,如重金属、有机化合物、宾主共栖生物和抗生素等(Crescimanno 等,2004)。

(5)土壤盐碱化。

容易发生盐碱化的地区可以种植摄盐植物物种。需要改善水文平衡以逐渐减少土壤中过多的盐分。盐碱化土壤上应尽快建立植被覆盖。

3.6.5 教育

过去在对农民和造林员进行教育时没有将重点放在土壤功能和防止土壤退化上，而是教他们如何通过种植新品种作物和使用农药来发展农业生产。在20世纪80年代，发展农业的消极后果开始显现，充斥头条新闻的尽是有关丧失地表景观和文化遗产以及生物多样性，发生了水土流失和污染问题的报道。

农业生产与自然环境的承载能力失衡却没有得到足够的关注，导致今天土地所有者对保护土质重要性的认识薄弱。但是，责任不在他们，也不能将问题归咎于他们。

稳定的农业生产意味着农民得到了安全保障。一般农民对如何维护改良土质所知甚少，而且农民在进行最佳的成本—效益分析时使用的方法却不是最佳的。例如，挪威北部收割最后一季饲草作物时地面潮湿，因而破坏了土壤结构，土壤发生板结。但是，农民却觉得自己别无选择，不得不在泥泞的田地里干活。

第4章 案例研究和良好实践

4.1 概述

SCAPE 项目进行了三个不同类型的案例研究,其目的都在于学习水土保持的成功经验和好的做法。首先,开展了针对特定区域或特定问题的案例研究,由具体从事有关研究工作的科学家们提出问题并作讨论。案例来自不同的生物地理区域,如地中海区域、阿尔卑斯山区、欧洲大陆、欧洲北部地区和欧洲的大西洋沿岸地区等(见图 4.1),另外还开展了专题案例研究,如针对城市土壤的案例,以及专门研究土壤固封密封和水土保持经济方面的问题等。其次为非欧盟国家经验的案例研究,这些国家的水土保持工作做得很成功,如以色列、美国和冰岛。第三种类型的案例研究为组织现场考察,以便获取有关水土保持实际工作的第一手资料。通过考察,更新了对某一地区具体情况的认识。案例研究揭示了现场的真实情况。一项水土保持问题的案例研究必须设定具体范围和时间表,应注意了解哪些措施是成功的,哪些则失败了。讨论的课题范围涵盖政策和经济手段以及水土保护的技术和生态措施等。实地考察的地区有:①位于地中海干旱地区的地中海生物地理典型区—西班牙的阿里坎特;②位于地中海湿润带的意大利五渔村,代表为地中海、大陆生物地理区;③奥地利的蒙塔丰,代表阿尔卑斯山生物地理区;④挪威南部,代表北欧生物地理区;⑤冰岛南部,代表北冰洋生物地理区。

这些地区都是环境敏感地区,土壤面临的各种威胁来自于气候、坡度、岩石类型以及社会经济因素。

西班牙阿利坎特和穆尔西亚两个案例研究很有意义,因为当前该地区的土地利用变化很快。土壤面临的威胁的数据很多,都是欧盟或其成员国过去或正在进行的研究项目采集得到的。该地区还有荒地,是西班牙履行防治沙漠化公约的国家行动计划的治理目标地区。旅游业和灌溉农业是该地区的主要经济形式。以前,旱地耕作是一项重要的生产活动。现在,大片土地弃耕,变成了灌木丛或林地。SCAPE 项目组织参观了一个大型修复工程。当地属半干旱气候,年际降水变化大,因此常常发生干旱,而下雨时降雨强度又相对较高。

意大利五渔村案例研究的重点是梯田管理。欧洲南部的大片地区布满了梯田,很多梯田有几百年的历史。地中海地区到处可见被废弃的梯田。在陡坡上,侵蚀和滑坡毁损了梯田,使其报废。SCAPE 项目在五渔村举办的研讨会上,对各地现存的梯田进行了比较,包括马耳他、土耳其和北非地区的梯田。五渔村地区已成为国家公园,并列入联合国教科文组织的世界遗产名单。五渔村如何利用国家公园的有利地位帮助该地区保护其景观、防止梯田的破坏对其他地区具有重要的参考价值。

对奥地利蒙塔丰地区特定的山地问题进行了研究。山地土壤非常易于发生侵蚀、板结和滑坡。森林对于岩崩、雪崩和滑坡具有直接的防护作用,对阿尔卑斯山区的自然景观管理具有重要意义。森林管理的方式应能使林地自身免遭侵蚀和浅层滑坡,为此应选择"接近自然"的干预措施,以利于水土保持。该地区的主要经济收入来源为旅游业和水力发电。在蒙塔丰成立了一个区域性的土地管理和政治机构,负责森林、土地和水资源管理以及旅游业,这种好的做法及社会行动值得提倡。

挪威南部的案例主要集中北欧山区,此处的边际草地改为耕地后侵蚀量大幅增加。平整土地是加剧侵蚀的主要原因之一。侵蚀导致了饮用水污染以及渔业水资源的污染(如蓝藻)。法律法规加上技术措施被用来遏制水土流失并改善水质(如颁布了规范土地平整作业的立法)。大部分斯堪的纳维亚国家都提供了研究案例。

冰岛的案例非常生动地显示出土地退化的严重程度,并成功解决了土地退化的问题。现场考察表明冰岛已面临广泛的土地退化和沙漠化(请参见 www. rala. is/desert),但取得的成功整治经验也是多样化的,包括法规制定、提供补贴以及参与式管理等问题解决方案。冰岛人以具有世界上历史最悠久的水土保持服务机构而骄傲,早在1907年冰岛水土保持局就成立了。

附件3列出了 SCAPE 项目案例研究的文章清单,文章可从项目网站 www. scape. org 下载。

SCAPE 项目的案例研究所取得的普遍共识是:水土保持需要多学科综合的方法,采取综合性治理措施。虽然 SCAPE 项目研究的是土壤,但它关注的土壤是带有环境背景的土壤,涉及土壤所有的功能。不能孤立地看待土壤而不顾及土壤与环境之间的相互作用。案例研究明确地表明了土壤关系到方方面面的问题,反过来,土壤学领域之外的方方面面的问题也都与土壤有关。在 SCAPE 项目研讨会上介绍案例研究的许多发言者并不是土壤科学家,其中有农民、社会学家、经济学家、政策制定者、环境法律师等。所有这些发言者都对我们共同的财富—土壤—提供了一个不同的观察和分析问题的角度。与土壤关系密切的课题包括土地利用规划决策、经济决策、社会结构、文化和传统,这意味着只有通过多学科综合的方法才能解决土壤保护问题。

在欧洲不同的生物地理区所做的十个案例研究将说明上述问题。每个案例都涉及欧洲委员会划分的八种主要土壤威胁类型(见第3章),即:①土壤侵蚀;②有机质含量下降;③土壤污染;④土壤固封;⑤土壤压实;⑥土壤生物多样性下降;⑦盐碱化;⑧洪水与滑坡。

以下案例研究将按从南到北的顺序分别叙述。

	Biogeographic region	Main threats to biodiversity
	Arctic region	Climate change may change conditions for plant and animal communities Ozone depletion
	Boreal region	Intensive forestry practices Exploitation for hydroelectric power Freshwater acidification
	Atlantic region	High degree of habitat fragmentation by transport and urban infrastructures Intensive agriculture Eutrophication with massive algal blooms Invasive alien species
	Continental	High degree of habitat fragmentation by transport and urban infrastructures Industry and mining Atmospheric pollution Intensive agriculture Intensive use of rivers
	Alpine (Alps, Pyrenees, Carpathians, Dinaric Alps, Balkans and Rhodopes, Scandes, Urals and Caucasia).	Climate change may change conditions for plant and animal communities Transport infrastructures Tourism Dams
	Pannonian	Intensification of agriculture Drainage of wetlands Irrigation combined with evaporation leads to salinisation and alkalisation Eutrophication of large lakes Mining industry with heavy metals pollution of some rivers
	Mediterranean	The world's most important tourism destination High pressures from urbanisation in coastal areas Intensification of agriculture in plains, land-abandonment in mid-mountains Desertification in some areas Invasive alien species
	Macaronesian (Includes Azores, Madeira, Canaries islands)	Invasive alien species Tourism Forest fires and uncontrolled tree-felling Intensification of agriculture with large greenhouses
	Steppic	Intensification of agriculture, e.g. abandonment of nomadic pastoral activities Desertification Large mining and industrial settlements, with pollution problems
	Black Sea	Intensification of agriculture: irrigation, salinisation Waterlogging Tourism
	Anatolian	Intensification of agriculture : conversion of steppes into arable lands, irrigation, drainage of wetlands, overgrazing Building of dams

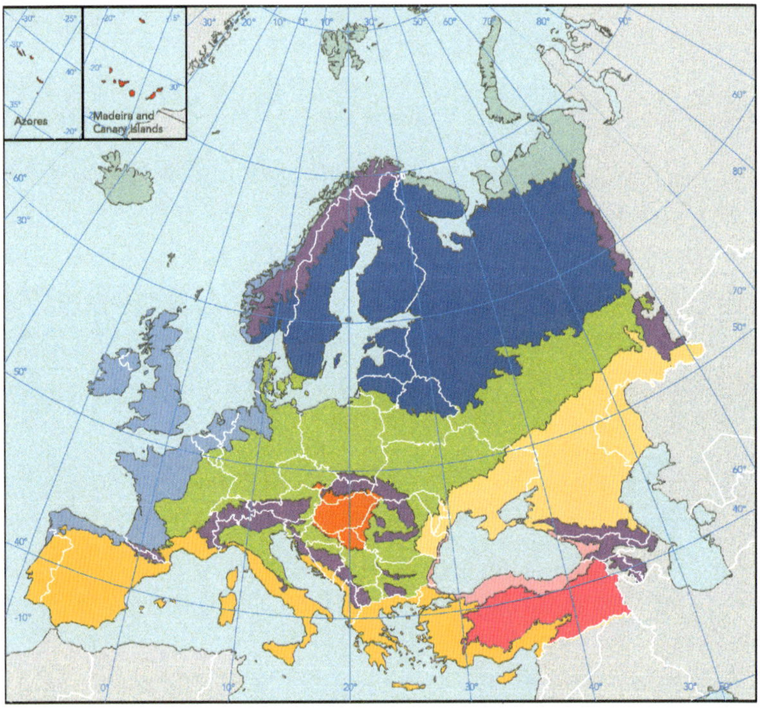

图 4.1 欧洲不同的生物地理区以及区内生物多样性面临的主要威胁，这种威胁也与土壤有关（资料来源：EEA，2000）

案例研究之一

土地退化、水土保持与农村生计

西班牙半干旱地区财政补贴与用水的影响

Carolina Boix、Joris de Vente、Juan Albaladejo 及 Michael Stocking

半干旱的西班牙东南地区大概是欧洲土地退化最显著的地区,问题包括片蚀、细沟侵蚀和沟蚀、管涌和潜蚀、盐化和碱化、水土保持结构物的垮塌以及道路、大坝等基础设施的毁损。在穆尔西亚省的穆拉(Mula)流域进行了一次参与式现场评估,以探究土地退化的驱动因素,并寻求在"可持续的农村生计计划"(SRL)框架内着手实施水土保持措施的切入点。选择了两个相邻的市作为研究对象,它们具有相似的生物地理特征,但其经济发展机会却有所差异,主要是因为两市所得到的财政补贴和灌溉用水有差别。在"可持续的农村生计计划"框架内进行的固定资产的改革对土地利用和环境可持续性具有重大影响。这项研究得出的主要成果是发现不当的财政补贴造成的影响,即:①提供财政补贴时,农民就开发非生产性土地获益,导致土壤侵蚀;②不提供财政补贴时,农民就将土地撂荒,导致极高的土壤侵蚀率,破坏了当地景观。当有水可用时,具有商业性的农村大户就从拥有小块土地的非全时农民那里买地。他们采用的土地平整方法可导致隐形的土壤侵蚀,可能对当地景观产生不可逆转的破坏。财政补贴和灌溉用水是影响欧洲半干旱地区土地退化和农村生计在的主要驱动因素。

1. 概述

西班牙东南部的穆尔西亚省提供了土壤侵蚀、土地退化、农业用水和农村生计不同情况的对比。将各种情况放在一起比对,发现有水灌溉的地区与旱地农业区的情况有很大的不同。灌溉农业已发展为集约化和高度商业化,有灌溉用水权的地方,当地景观经过土地平整作业后有较大改变。该区以滴灌灌溉的果树类作物为主,给人以郁郁葱葱、生产力高的印象。而在旱地,随处可见正在被逐渐废弃的古老的梯田,土壤退化非常明显,随处可见大的冲沟以及片蚀、管涌土洞、盐碱化和化学性土地退化的痕迹。

土地利用发生改变,社会也随之改变,许多较贫困的农民只花部分时间从事农业,而商业公司将有灌溉用水的地块统统买了下来。通过本案例,我们明白了土地退化是动因是什么,也知道了如何着手促进水土保持和保障农民生计。本案例研究的目的在于向世人说明,摸清农村生计问题对于分析土地退化过程并设计整治措施是极为重要的,这样做既利于农户也利于社会。

2. 穆拉(Mula)流域

穆拉流域内的两个市,即叶查市和坎波斯德里奥市,按照"可持续的农村生计计划"框架开展了初步土地退化综合评估(Stocking 和 Murnaghan,2001)。这两个市的自然环境相似,传统上都是以旱地农业为基础的经济,旱地梯田主要种植橄榄树和一些谷类作物,橄榄树的株距较大。20 世纪 70 年代在西班牙修建了从中部高地的塔霍流域向穆尔西亚省塞古拉流域的调水渠道,为该地区发展灌溉农业提供了可能。西班牙 20 世纪 70 年代制定的国家水文计划中划定了灌溉用水的服务地区。从那时起,传统旱地农业逐渐转变为灌溉农业,逐步引种经济果木品种(主要供出口),干旱季节需要长时间的灌溉。

该农业地区以前的土壤侵蚀率采用通用土壤侵蚀方程模型估算的结果为 3 ~ 10 吨/公顷·年(奥尔蒂斯·新罗等,1999)。然而,本次案例研究测量了带老梯田的撂荒地和最近经过平整作业的农田,其土壤侵蚀率分别为 150 吨/公顷·年和 86 吨/公顷·年,测量方法采用 Stocking 和 Murnaghan 于 2001 年提出的参与式现场测量法。带有老梯田的撂荒地上,土地退化非常显著,在社会上引起极大的关注。而对于新近平整的土地来说,集约化的农业耕作很大程度上"掩盖"了侵蚀的痕迹,每次强降雨后产生的侵蚀细沟在土地平整时被掩埋,排水沟将径流与侵蚀后产生的泥沙带走。经过现场仔细勘查,发现即使采取强化管理的手段,目前的水土流失率依然很高。

在"可持续的农村生计计划"框架下对穆拉流域开展的评估结果表明,影响土地利用决策的因素与土地使用者可以支配的资源密切相关,反过来土地利用决策又影响并决定着土地退化的范围与程度。"可持续的农村生计计划"框架将资源分类为各种资产,如社会资产、经济资产、自然资产、人力和实物资产等。本案例研究的两个市(叶查市和坎波斯德里奥市),他们能获取的上述各种资源或资产类别是不同的,缺少某种资产则可用另一种资产来弥补,且可以将一种资产转化为另一种资产(据 Stocking 和 Murnaghan,2001),在将一种资产转化为另一种资产的过程中会导致土地退化。而且,农民对土壤侵蚀的观念和认识以及寻求补贴的能力会影响他们转化资产的行为,这一点将在下一节叙述。

3. 农民对补贴的观念认识以及补贴对水土流失的影响

进行土地退化的现场参与式评估时,应特别关注与了解当地农民对自身情况的认知,因为这在很大程度上决定着他们自己的决策。叶查市和坎波斯德里奥市的情况截然不同,其土地退化状况差别很大。"可持续的农村生计计划"框架是对于对比农户的资源或资产状况是很有用的(见图 1)。

以下对不同资产或资源的类别的相对实力的分析是基于一个半定量化的数据库,该数据库由2004年4月和2005年举办的两次国际培训班的学员初步建成,尚需要通过进一步的研究进行核实。即使如此,现有的数据给出的对比是非常明显的。

叶查市的农民积极地自发组成农业合作社(用S表示)销售农产品,并为合作社长远提供低风险的收费服务(F),帮助他们获得农业补贴。合作社提供重要的社会服务,协助农户接触信息网络(P)。农户的实物资产也很多,农田进场道路良好,农场机械化程度高,这往往得益于发达的社会网络,使农民用得上昂贵的农机。农民不把土壤侵蚀的现地和非现地影响当作一个严重问题看待,认为对其生产和生活没有影响。他们主要担心的是水资源的供应。农民一般都对土地的短期生产力了如指掌,但对于土地的可持续性就不太了解了。大部分农民认为沉积在山谷底部的土壤,主要是软岩和泥灰岩的风化产物,石块含量少,只要水分充足,就是适合耕种的好土壤(N,高值)(见图1)。冲沟对于叶查市的农民来说不是问题,因为当地农民习惯于一见到冲沟形成就把它填平,花费的成本与土地收益相比微不足道。因此,根据"可持续的农村生计计划"框架来评价,农民是在以牺牲土壤质量为代价以资金、社会和实物资产换取自然资产。

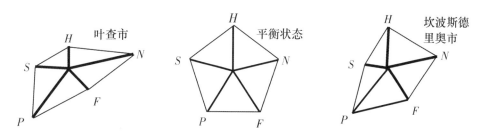

图1　表征农民对农业资产认识的资产多边形—线段长度代表丰富程度和相对强弱,其中:H-人力资产;N-自然资产;F-资金资源;P-实物资产;S-社会资源

此外,在叶查市,旱地农业治理区农业产量非常低,青年农民背井离乡到其他地区或其他经济行业寻求活路,从而荒芜了自己的土地,结果是随着时间的推移土壤侵蚀和土地退化逐渐加剧,特别是对于那些古老的旱地梯田来说情况尤为如此。目前缺乏人力资产(H值低),既缺乏劳动力也缺乏旱地农业技术知识,这是为什么对这些严重退化地区听之任之而不去治理的原因所在。荒地的土壤侵蚀率实测为每公顷每年100~150吨,对土地撂荒没有施加任何处罚,对大量泥沙下泄影响下游地区的行为也没有制裁措施。当地已有不少议论,认为应该采取防治措施。在某些情况下,旱地会吸引到一些环境补贴,例如,一些没有播种的休耕地被用于放

羊,因而得到了财政补贴,但后来这些地又被荒置不用了。此类荒地的土壤侵蚀率为 40~70 吨,与西班牙中部地区的数据吻合,中部接受财政补贴的休耕地的土壤侵蚀率较高(Boellstorff 和 Benito,2005)。

在坎波斯德里奥市与叶查市的农民对土壤侵蚀持有相似的认知,但其经济情况是不同的。20 多年前一个村庄建设了一家罐头食品厂,吸收了大量农村劳动力就业,因此,许多人都是边打工边务农。一些大型农民企业乘机买走了这些打工农民的土地,在过去五年中,他们引入了滴灌技术,并开始使用推土机来平整土地。所以,这些方面的资本金是比较充足的(F 值高,H 值中等)。经过平整的土地被认为是对控制土壤侵蚀有利的,因为在一个地块内重型机械易于进出作业,且轻而易举地就把冲沟填平了,暴雨之后土地也被平整一遍。然而,现场测量这种地块的土壤侵蚀率的结果却为 80~90 吨/公顷/年,这表明农民对水土流失认知与现场实测结果是不一致的。

村庄经营的罐头厂可保证农民获得稳定的收入,经营风险也很低。坎波斯德里奥市没有成立农业合作社(S 值低),虽然当地有一个发展代理机构协助申请补贴和开办农业技术推广课程。但是,农民在这些方面没多少需求,对合作社不感兴趣,对农事也没什么积极性。对于打工的农民来说,获取农业补贴的问题变得更复杂了,因为他们的主要收入来源于在工厂做工而非农业耕种,这种情况使得他们失去了获取农业补贴的资格(见图 1)。

这两个市都把缺水看成主要问题,而不是土壤侵蚀。他们认为土壤侵蚀被是可以被控制的,低估了土壤侵蚀的现地和非现地影响的后果。这两个市的案例研究显示,泥灰岩质的土地经平整后种植杏树,其土壤侵蚀成本为 70~90 欧元/公顷·年,高于其他地区。根据 Hein(2004)的估算,干草药作物种植地上的侵蚀成本为 1.1~32.4 欧元/公顷·年,旱地栽培榛子树的侵蚀成本为 3.3~48.5 欧元/公顷·年,侵蚀成本随地块坡度的不同而有所变化。

总体而言,农业和环境补贴政策对防治土地退化以及在西班牙东南部半干旱地区促进水土保持起着反面作用。根据当地经济状况和供水条件,一种情况是农民将获得的补贴投入到开垦边际土地上,之后又把开垦后的土地弃置不管;另一种情况就是因农民弃农打工而得不到农业补贴,然后就将土地出售给大型机械化农场进行大片的土地平整作业,造成更大的、隐性水土流失。土地荒置和土地平整两种情况的土壤侵蚀率都很高。

4. 水供应的有无对土壤侵蚀的影响

如上所述,在西班牙东南部可否获得便宜或有补贴的供水决定着农民对土地利用和耕作方式的选择。该地区以种植高生产力的灌溉农业作物为主,如杏树、桃树、李树和榛子树等。如果有灌溉用水供应,不仅为农民选择作物创造了条件,还能极大地提高产量,并使土地价格升值。所有这些土地用途的改变也影响着侵蚀过程,在该地区的水供应影响土壤侵蚀有两种方式:①没划入全国水文计划灌区范围的土地得不到灌溉水供应就会被荒置,这样的田地多为梯田,造成了土壤侵蚀率高。另外一种情况是,得到了补贴的田地(主要是播种或未播种的休耕地),但由于其产量低,最终也撂荒了。休耕地和荒置的梯田其侵蚀率都很高,现场实测值分别为40吨/公顷·年和70~150吨/公顷·年;②当坡地上有灌溉供水时,青年农民就使用农业机械平整土地,以便快速获得最大的收益。此外,富裕农户和大型农村企业有能力大面积收购土地获益,将购得的土地推平,然后安装上滴灌系统。推平后的土地其侵蚀率为70~90吨/公顷·年,没有撂荒的梯田上的侵蚀那样显而易见。

5. 讨论与结论

叶查市和坎波斯德里奥市的情况都很复杂,对比分析显示,土地退化是影响农民可资利用的农业资源的很多因素的综合产物。"可持续的农村生计计划"框架(SRL)将这些资源归类为各种资产,对各种资产及其相互转化进行了分析研究,帮助我们理解农民如何或为什么"造成"了土地退化,并了解如何实行水土保持耕作方式。

在西班牙东南部地区,农民对受到补贴的灌溉用水价值的认知是决定土地退化和侵蚀的一个最重要的因素。有了灌溉用水就会通过获得补贴而立竿见影地增加自然资本(N)和资金(F)。即使土壤侵蚀损害了自然资本,但当地农民不把它看作是主要问题,在农民眼里有水灌溉才是第一位的,土壤侵蚀对农业生产的影响被灌溉的效益抵消和掩盖了,因为灌溉和施肥弥补了土壤保水保费能力的降低。土壤侵蚀的现地影响虽然治理起来技术投入的成本很高,但与土地利用的转变和灌溉后的效益比起来就相对微不足道了。土壤侵蚀的非现地影响由社会承受,而不是由制造产沙问题的土地使用者承担。但是这种情况有可能会改变,如果通过了水体保护法并为上游农民提供足够补偿以弥补其因放弃先前的生产而损失的机会成本的话。

农业补贴影响取决于两市当地的经济机会。资产多边形中各种资产的转化(见图1)对土壤侵蚀的影响既有正面的也有负面的。通过出租土地用于放牧等形式将自然资产转化为资金时,或者对休耕地的补贴不足时,土壤侵蚀将会增加。另一方面,城市化和土地租赁用于耕作等行动会减少土壤侵蚀。人力资产转化为资金的过程中往往会加剧土壤侵蚀,例如,老年农民把土地出售给大型商业农场,然后土地被大面积推平,这个过程会增加隐性的水土流失。将金融资产通过补贴转化为自然资产的过程中,如果补贴不足的话,那么就会导致土地摞荒,进而增加土壤侵蚀。由于农民缺乏对可持续发展概念的理解和有关的教育,社会资产转变为金融资产的过程也会给土地造成不利影响。然而,通过合作社成员的便利条件,农民可获得补贴并受到教育,这种从社会资本向金融资本的转化则有利于减少土壤侵蚀。

6. 致谢

衷心感谢 2004 年和 2005 年期间所有参加"土地退化和可持续农村生计:现场评估培训课程"的所有学员,本文中的许多分析和见解得益于他们在培训期间观测采集的数据。

参考文献

(1)Boellstorff, D., Benito, G., 2005. Impacts of set – aside policy on the risk of soil erosion in central Spain. Agriculture, Ecosystems and Environment 107, 231~243.

(2)Hein, L., 2004. Final report on the costs of land degradation and the benefits of mitigating desertification. Medaction Work Package 1. 3; Deliverable 14. ECEA, FSD (Wageningen), ICIS (Maastricht University) 35.

(3)Ortiz Silla, R., Albaladejo Montoro, J., Martínez – Mena García, M., Guillén Mondéjar, F., Alvarez Rogel, J. 1999. Mapa de riesgos de erosión hídrica en zonas agrícolas. In: Atlas del medio natural de la región de Murcia. Instituto Tecnológico Geominero de España and Región de Murcia, Consejería de Política Territorial y Obras Públicas.

(4)Stocking M. A., Murnaghan, N., 2001. Handbook for the field assessment of land degradation. Earthscan, London, 169.

案例研究之二

森林火灾也有其益处

西班牙案例研究

Artemi Cerdà

地中海地区传统的农村社会经济体系在过去几十年内彻底崩溃了。其结果是,农田逐渐荒芜,与之同时土地利用转变迅猛,沿海和城市周边的城市化、海滨旅游业和城市基础设施建设方兴未艾。农村摞荒地大多变为草地、灌木丛和林地,植被的恢复带来可燃物的增加,导致森林火灾的蔓延。地中海地区每年烧掉约1.5%的草场,每年发生5万次火灾,影响到70万公顷的草地面积。自1960年代起,受火灾影响的面积已翻了两番。这种现象发生的原因是土地利用的迅速变化以及社会经济矛盾和地中海区域的自然条件。

荒野火灾的影响可跨越国境,如烟雾污染影响到人类健康和安全,生物多样性也会受到破坏。起火燃烧时,土壤的碳会因此而耗损,干扰着全球的生物地球化学循环,特别是全球碳循环。火灾过后发生土壤侵蚀是最危险的后果之一,最终会导致沙漠化。

土壤侵蚀意味着上部土层的流失,而大部分有机质就赋存在上部土层中。火灾引发的侵蚀也耗损了土壤中的养分及种子库。在地中海气候条件下,火灾主要发生在天气干燥炎热的夏季,秋季的降雨量和降雨强度将达到最高值。西班牙东部的实例表明,夏季火灾之后再发生高强度的降雨,就会导致很高的侵蚀率,见图1和图2所示。

图1　Calderona山区野火,2004年8月,西班牙东部。过火之后废弃的梯田随处可见

图2　西班牙东部雷雨(5小时98mm)之后河谷底部阶地上淤积的泥沙

表 1　　　　　　　　　地中海区域一些地点历史暴雨的日降雨强度

地点	月份/年份	日降雨量（mm）
Xàbia（Alicante）	10/1957	878
Oliva（València）	11/1987	817
Zurgena（Almería）	10/1973	600
Albuñol（Granada）	10/1973	598
Sumacàrcer（València）	11/1987	520

然而,地中海生态系统已适应了山林野火,火灾过后一些树(冬青栎)、灌木(Pistacea lentiscus)甚至草本植物(Brachypodium retusum)都会萌发新芽。此外,还有些物种其过火后的种子易于萌发和生长(如 Pinus halepensis, Ulex parviflorus, Cistus albidus)。

森林火灾造成植被破坏、土壤扰动和地表径流增加,从而使土壤侵蚀率增大,过火后的土壤侵蚀率要比过火前高出三个数量级。

图 3　西班牙东部 Serra Calderona 地区山林火灾发生 6 个月后 两个坡地上的景象。一些针叶树和豆科植物发芽生长,已连片覆盖了部分土壤

地中海地区的第四纪地层中发现有森林火灾的地质痕迹记录,而且地中海生态系统中的物种大多数是适应火灾的。这两个事实都表明,火灾对于地中海生态系统并不是一种罕见的现象。但是火灾后土壤将会因发生退化而造成很高的侵蚀率。过火后生态系统发展变化的主要问题是:过火后的土壤会恢复原样吗? 或者说,过火后开始的土地退化过程会不会导致植被减少、雨水下渗减少、地表径流增加和水土流失加剧? 水土流失越多也就意味着土壤的养分越少,植被就越少,反过来又导致更多的侵蚀。将这样一个土地退化的恶性循环会不会发生在火灾过后的土地上?

表2 在西班牙用不同方法测取的过火前后的土壤侵蚀率

作者，年份	测定方法	土壤侵蚀率（吨/公顷·年）	
		火灾前	火灾后
Rubio（1987）	USLE	0~2	17~76
Ubeda & Sala, 1996	Gerlach	0.03	32.5
Soler et alk., 1994	Gerlach	2.7	34.9
Rodríguez et al., 1999	Gerlach	0	2~11
Soto et al.,1994	小区（4米×20米）	1.5	24.8
Gimeno et al., 2000	小区（4米×20米）	0.05	2.89

森林火灾后侵蚀率的测定通常要花上几个月或几年的时间。地中海地区不同地点采集到的数据显示，火灾后土壤侵蚀率突然增加，虽然好几个星期内土壤覆盖有灰烬形成的保护层。有几个研究项目监测火灾后长时段的侵蚀率，监测表明，几年后土壤侵蚀率又回到火灾前的水平，因此得出的结论是，森林火灾不会导致土地的永久性退化，而且恢复速度比预期的要快，一般为2~10年。事实上，林火促使坡地上土壤发生重新分布，而且使山坡与河流连接起来。然而，只有在短时间内情况才是如此。

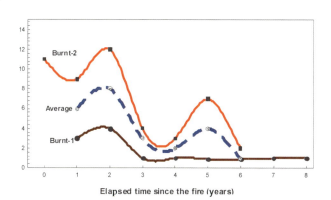

图4 西班牙中部比利牛斯山区爱莎河谷土壤侵蚀试验
站测定的侵蚀率比值（火灾后/火灾前）随时间变化过程

这些结果表明，火灾是地中海自然生态系统的一部分，在自然森林火灾重现期内土壤没有遭到破坏。然而在过去40年中地中海区域的耐火植被是野火烧不尽，春风吹又生，导致林火反复频繁发生，再加上土地撂荒，土壤侵蚀率大增。频繁的森林大火，之后再碰上强降雨，将会导致西班牙火灾过后林地的土壤侵蚀风险剧增。

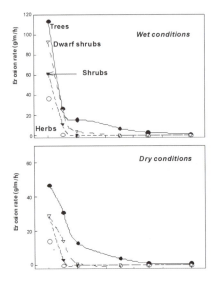

图 5　1993 年 7 月发生森林大火,9 月接着发生夏季大暴雨,之后形成的冲积扇

图 6　西班牙东部 La Costera 地区不同种类植物植被的恢复期间土壤侵蚀率的变化

参考文献

(1)Andreu, V. , Imeson, A. C. , Rubio, J. L. 2001. Temporal changes in soil aggregates and water erosion after a wildfire in a Mediterranean pine forest. Catena 44, 69 ~ 79.

(2)Bautista, S. 1999. Regeneración post – incendio de un pinar (Pinus halepensis, Miller): en ambiente semiárido. Erosión del suelo y medidas de conservación a corto plazo. Ph. Doctoral Thesis, Universidad de Alicante, 238.

(3)Cerdà, A. 1998. Postfire dynamics of erosional processes under mediterranean climatic conditions. Z. Geom. 42, 373 ~ 398.

(4)Cerdà, A. and Lasanta, A. 2005. Long – term erosional responses after fire in the Central Spanish Pyrenees: 1. Water and sediment yield. Catena, 60, 59 ~ 80

(5)Doerr, S. H. , Shakesby, R. A. and Walsh, R. P. D. 2000. Soil water repellency: its causes, characteristics and hydro – geomorphological significance. Earth Science Review, 51, 33 ~ 65.

(6)Ferreira, A. J. D. , Coelho, C. O. A. , Shakesby, R. A. & Walsh, R. P. D. 1997. Sediment and solute yield in forest ecosystems affected by forest fire and rip – ploughing techniques, central Portugal: a plot and catchment analysis approach. Physics and Chemistry of the Earth, 22, 309 ~ 314.

(7)Imeson, A. C. , Verstraten, J. M. , van Mulligen, E. J. , Sevink, J. 1992. The Effect of Fire and Water Repellency on Infiltration and Runoff under Mediterranean Type Forest. Catena 19, 345 ~ 361.

案例研究之三

河流上建坝的弊端

西班牙与葡萄牙界河上的案例研究

Michiel Curfs

在过去的五年中,瓜迪亚纳流域下游的自然状况发生了急剧变化,柑橘种植园面积快速扩大,人口增长,城镇建设加速,欧洲最大的水库阿尔克瓦大坝工程也宣告竣工。因为瓜迪亚纳流域新的污染源向水体排放污染物,水质正不断恶化。在过去的几年中,流域内的几个水库发生了水华现象,瓜迪亚纳河也未能幸免。今年,在瓜迪亚纳河口处,水体内和海滩上到处是水藻。最近的农业和城市化发展主要是为了提升该地区的经济地位,但现在看来,由于污染的影响,作为当地的经济支柱产业的旅游业正面临威胁。

1.污染发展的趋势

污染的历史十分久远,倾倒废弃物的地方或废物的所到之处都能对附近环境造成污染,所以说污染的历史非常久远。人类社会制造废物是其典型特征之一。人类有一种习惯,即先制造出废物,然后将之倾倒在某处,只有在经过了相当长的时间以后才会意识到后果的严重(Ponting,1995)。河流在处理人类制造的废物方面一直发挥着主要作用:其水流将我们制造的生活废物、城市废物和工业废物裹挟而走,此即所谓的"眼不见,心不烦"是也。污染一开始是在局部范围,比如城市或矿场附近的范围内,但当今的污染范围更大了,影响着各大洋和各大洲的土壤,甚至影响到地球的自然平衡机制(如温室气体、气候变化等)。

追溯污染的历史,导致污染的规模、强度和污染物的多样性爆炸性增长的是工业革命,也有人把它说成是"污染革命"。河流、海洋和土壤被视为无限纳污的坑。19世纪的西欧、美国以及后来的东欧国家和苏联,污染伴随着工业化进程对从业人员的健康和生命造成过严重影响。二战以后,加工业发生了许多变化,污染物类型也随着变化。污染增长的速度超过了人口增长的速度,甚至超过了消费品的增长速度。现代工业的特征已经从制造天然的、少污染的产品转为制造污染较严重的产品,如化肥和合成品等。从制造天然肥皂变成制造合成肥皂导致产品中磷的含量增加20倍(Ponting,1995)。

如今,欧盟把污染当作影响土壤的八大威胁之一。污染主要涉及两个不同的来源,点源污染和面源污染。

2. 瓜迪亚纳流域

瓜迪亚纳河下游是葡萄牙南部和西班牙南部的自然边界。2002年,欧洲最大的水库——阿尔克瓦大坝竣工。该大坝在瓜迪亚纳河干流上,距河口约200公里。大坝不仅影响了河流的天然流量,还对河中泥沙的自然淤积过程造成很大的影响。瓜迪亚纳河两岸和流域内工业较少,这一点与欧洲其他大的河流不同,使之成为研究某种特定影响的良好案例(Ferreira 等,2003)。流域下游主要的经济活动就是农业。重要的污染源可分为:城市污水排放占35%,动物饲养场污染占39%,粮食生产产生的污染占18%。污染物排放之前没有经过任何处理,导致大量的营养物质进入水体和土壤。另一方面,农业生产活动和牲畜养殖对流域的影响很大(Gomes 和 Quadrado,2001)。流域内以农业用地为主,水质问题部分是由农业生产排放的硝酸盐、磷酸盐和农药造成的。农业面源污染和工业电源污染(矿山、污水处理厂、垃圾填埋场等)是主要污染源(参见 http://www.transcatproject.net/engguadiana.htm)。

3. 河流与生态系统动态变化

流域内所有的河流互相连通,就像一棵树的树干和树枝那样。一直以来,河流及其邻近的土地都处在变化过程中。自然力(如风力、水力和重力)可以改变河道、方向、流量和植被(参见 http://www.riverwebmuseums.org)。人类的干预也能造成类似的变化,但往往规模更大,速度更快。瓜迪亚纳干流可以被看作是瓜迪亚纳流域的"主动脉的",所有小支流都汇集到瓜迪亚纳河干流。瓜迪亚纳河将它携带的一切经过加的斯湾最终输送到大海。

土壤具有许多功能,其中之一就是缓冲和过滤功能。水流通过土壤时经过土壤的过滤和净化,但水中的污染物或盐分会结合在土壤中,最终被土壤群系转化或者分解(视污染物的毒性而定)。土壤群系可以解释土壤的化学和物理性质以及土壤中生活的所有动物,如细菌、真菌、昆虫和蠕虫等。

污染物以不同形式和方式进入瓜迪亚纳河。一种情况是直接向河中倾倒污染物,另一种情况是污染物在陆地上经过长距离搬运最后进入河流。因此,如何处理和管理流域内的土壤对于河流水质有极大的影响。

(1)河流与大坝:泥沙问题。

阿尔克瓦大坝影响了水沙的自然流态。大坝拦住了泥沙,下泄的泥沙减少。水中的泥沙有清洁能力,可吸附矿物质及污染物质。由于清洁能力下降,瓜迪亚纳河水质因此受到威胁。

柑橘种植业的集约化影响了瓜迪亚纳河水质。柑橘种植园频繁使用农药,污染土壤是其害处之一。柑橘种植园的管理中没考虑水土流失防治措施,土壤容易发生侵蚀。因此,柑橘园里的污染物可以很自由地随着水土流失进入瓜迪亚纳河,侵蚀产生的泥沙也最终被输移到河中,沉积在那里。柑橘种植园里受污染的土壤(点源污染)影响到整个流域,最终,污染物通过各种途径,包括点源的和面源的污染源,进入到瓜迪亚纳河。

(2)河流与大坝:自然水流与人工调节的水流。

大坝改变了水流的流态:冬季由于水库蓄水,下泄流量小于自然状态下的降雨径流量;夏季,增大下泄流量发电。水流量的波动会严重影响下游的野生动物及其栖息地。瓜迪亚纳河淡水与咸水的天然平衡状态受到影响,随着下泄流量的减少,海里的咸水上溯入侵,引发水质问题。另一个与水流量有关的问题即所谓的热污染:水库底部的水温度较低,从大坝底孔下泄的温度较低的水会改变河流下游的正常水温,影响野生物种的生存。水温的改变还会影响水中的溶解氧含量,继而影响物种的结构构成。瓜迪亚纳河上曾看到许多死鱼,渔民们已不知道什么时候捕得到什么鱼了。整体而言,由于从水库大量取水灌溉,瓜迪亚纳河的淡水流量已减少很多了。

(3)城市化与人口。

在瓜迪亚纳河的西班牙一侧,正在建设一座大城市。这将导致土壤固封,降低水的下渗能力,从而增大径流量。城市周边将修建两个高尔夫球场,居民需要用水保障,这使业已紧张的淡水供应系统雪上加霜。

瓜迪亚纳河下游的村庄尚未安装污水排放和处理系统,直到2005年的今天,村庄的污水直接向瓜迪亚纳河排放,甚至大一些的城市情况也是如此,导致瓜迪亚纳河的水质恶化。

4. 双刃剑

农业的发展和城镇扩张本来是为了提升农村地区的经济地位,但是却加剧了污染,给生态系统造成了更大的压力。阿尔克瓦大坝(Alqueva)在发电的同时也会给瓜迪亚纳河水质带来压力。最近几年中瓜迪亚那河污染的消极影响日益显现,却没有采取任何防治污染的行动。新的污染问题引起了广泛的争议。农业面源污染负荷再加上夏季高温,周期性地引发藻类水华。几个人工湖泊已出现富营养化现象(PRB,2000)。海滩上布满了藻类,河流水质恶化,水华已屡见不鲜。这已影响了作为经济支柱产业的旅游业,当地旅游主要集中在瓜迪亚纳河河口的海滩一线,这里有通往北欧国家的海上航线。波罗的海有毒的蓝藻水华影响人类健康和海洋生态系统,人们发现藻类水华是农业生产排放的氮(N)和磷(P)造成的,为了减少此类污染现在正采取许多侵蚀控制措施,已取得良好的效果。

可借鉴北欧取得的经验教训来保护瓜迪亚纳河。预防总是最便宜的解决方案,不要等到问题严重得不可收拾时才花费巨资去治理它。界河两侧的国家相互交流经验也是非常有必要的!

参考文献

(1)J. M. Alveirinho Dias, R Gonzalez, O Ferreira, 2004 . Natural versus Anthropic causes in variations of sand export from river basins: An example from the Guadiana river mouth (Southwestern Iberia) In Polish Geological Institute Special papers, 11, 95 ~ 102.

(2)A. M Ferreira, M. Martins, C. Vale, 2003. Influence of Diffuse sources on levels and distribution of polychlorinated biphenyls (PCB) in the Guadiana river estuary, portugal.

(3)F. Gomes, F. Quadrado 2001. Pressures and impacts on water quality, a case study of the Guadiana riverwatershed.

(4)Ponting, C. , 1995, A green history of earth.

案例研究之四

土地换面包

葡萄牙的案例

Maria José Roxo

几十年来,特别是在20世纪二、三十年代的独裁政府统治时期,为鼓励谷类作物的生产而实行的激励政策使广大的葡萄牙内陆地区经历了土地利用的巨大变化,导致了土地景观发生决定性的改变,并加速了土壤侵蚀。特别是1950年以后,农业机械化和化肥、农药的广泛使用急剧增加了农田发生大面积土地退化和沙漠化的风险。阿连特茹(Alentejo)地区是主要的小麦产区,这里的土地景观变化最大,目前也是受影响最严重的地区。根据土地退化的现状,当务之急是要采取切实措施,遏制土地退化,保护自然资源和农业生态系统,从而治理沙漠化。

1. 阿连特茹地区沙漠化的历史和政治背景

葡萄牙于1926年5月28日实行共和制政体后,国家发生了深刻而又长期的社会和经济危机,一直持续到1933年,在这个时期,由担任首相和军队总司令的萨拉萨尔下令成立了独裁的军政府。萨拉萨尔从1930年起就主导着决定国家政体的意识形态和政治基础的确立。在国际范围内,第二次世界大战已经不可避免地影响到葡萄牙,虽然只是间接地影响,但对葡萄牙人民的生活和经济造成了严重后果(主要是食品和燃料供应短缺)。

2. 小麦大生产运动

政府在这一历史和政治背景下首次提出了"小麦大生产运动"的号召,葡萄牙的农业部门是当时政府经济政策庇护下地位最为稳固的部门之一,考虑贯彻这一号召。萨拉萨尔政府执政的第一年就投入400万埃斯库多(约合20000欧元)用于扩大小麦生产。1929年8月16日政府颁布第17252号法令开展这项运动,其目标很明确:直接促进小麦增产,满足国家的需要,防止重要的黄金储备外流;间接地提升农业产业的地位,使之成为葡萄牙最崇高、最重要的行业,当作繁荣国家经济的重中之重。

为了实现所宣示的目标,葡萄牙农业部委托一些特别机构(如中央政府各办事处、地区委员会、市政府及其下属分支机构)开展以下工作:宣传造势,技术援助(如农业技术推广和试验田),财政支援,开垦非耕地(将公有的非耕地分给农民开垦),支援农用物资和农业机械,提供化肥和种子补贴,以及对高产户提供补贴和奖励。

　　"小麦大生产运动"还有另外两个隐含的目标:①将农业人口捆绑在农村土地上;②减小失业率。第一个目标旨在抵消大城市和城镇地区对农民的吸引力,阻止农业人口向城镇的流动,遏制城镇人口的增长。当时的"国内移民办公室"开展了几项调查研究,根据调研结果,当局规划并建立了若干小的农业新村,如阿连特茹东南的 Vales Mortos 村。

　　建立农业新村的目标是在新的小麦垦区安置农民,并将灌木和丛林地开垦为麦田。国内移民办公室"负责旱地的收购,然后提供给安置好的垦荒者开发……"(Cabral,1974)另一目标是,通过小麦生产避免农村人口向城市迁移,控制城市失业人数,并将农业人口绑定在农村土地上。

　　实际上"小麦大生产运动"的确增加了全国谷物的产量。1912—1921 年间,谷物的年平均产量为 218000 吨,而 1930—1939 年间,猛增到 471724 吨,增产的主要原因是:①改进了耕作方式和方法,即使用了化肥直接增加了单产;②扩大了总的种植面积,年际有小幅波动。1915—1920 年期间,小麦播种总面积约 416000 公顷,1929 年为 440000 公顷,到了 1935 年则为 557000 公顷(Estatísticas Agrícolas)。

　　图 1 显示出小麦播种面积年际间的一些波动,波动的部分原因是因为农民在每一个农业年度自身面临的情况有所变化。一般来说实际情况是,收成不好的年份的下一年,种植面积就会扩大。例如,1940 年播种面积 502000 公顷,1941 年则扩大到 555000 公顷。还应当指出,1939 年后小麦播种面积持续扩大,直到 1959 年达到高峰,达 847000 公顷,之后就陆续缩小,直至 1974 年(4 月 25 日)政治体制改革发生时。

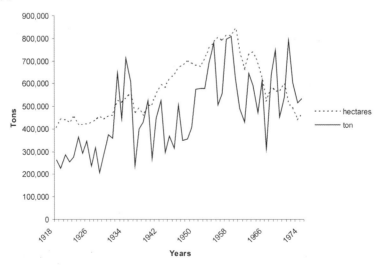

图 1　葡萄牙的小麦产量(播种面积与产量)

事实上,小麦大生产运动的实施过程中,有一套行动和措施构成了该运动的基础纲领,对于农民和农村人口有很强的感召力。一个很有趣的现象是,诸如"打赢小麦生产之战"、"回到田里去"等口号都成了当时的一系列训令。还有两条训令值得一提,其中第一条是:"开着拖拉机去耕地吧!国家把机器交给你们,让你们少费力多种粮",还有第十条"千万不要忘记我们的土地出产的小麦就是最能保护我们的前沿阵地"(Rosa,1990)。

3. 阿连特茹地区——土地景观的变化与土壤侵蚀

葡萄牙有一个地区,其土地景观的变化最大,这个地区就是阿连特茹,由于其地貌(广袤的平原,带有少许残坡和起伏的地形)和气候特征适宜小麦种植,它被视为小麦生产潜力最大的地区。然而,现实情况却大相径庭。该地区的土层较薄,为片岩和其他变质岩风化的产物,有机质含量非常低,稳定性很差,很容易造成水土流失。在 Vale Formoso 侵蚀试验中心站(位于阿连特茹东南)采集到的数据显示种植小麦是该地区水土流失非常高的原因(Roxo,1994),监测数据见表1。

表1　不同土地利用下的水土流失-Vale Formoso 侵蚀试验中心站-WICHMEIER 试验小区

植被覆盖/土地利用	土壤侵蚀产沙量(Kg/ha/year)
天然植被	186
灌木(Cistus ladanifer)	1700
谷类/小麦	4000
暴露的土壤/"自上而下式"耕作(最常用的耕作方法)	12000
暴露的土壤/等高耕作	5000

许多文章的作者都指出小麦大生产运动造成了以下后果:①对土地的需求大幅增加;②清理并新开垦了大面积的土地,甚至开垦了土质差、土层薄、不适合农业耕种的丘陵地;③无组织地盲目扩大小麦种植面积;④品质单一,减少了其他作物的产量;⑤破坏了大片的森林和灌木丛林地;⑥减少了土地轮作和土地休耕期;⑦减少了牛的饲养。

到头来,并没有实现人们渴望的小麦自给,即使有些年份小麦的产量非常高(如 1931—1932 年,1933—1934 年,1934—193 年),但农业收成低的年份更多。60年时段的气象数据显示,20 世纪 40 年代是最多雨的十年,水涝是这十年期间小麦收成低的原因之一,同时也加剧了水土流失(Roxo,1994)。

4. 沙漠化的评估与防治

小麦大生产运动以及其他农业政策结果造成了葡萄牙广大地区高度沙漠化和严重的环境和社会经济问题,这是一个不容否定的事实。约占全国 36% 的土地被列为极易沙漠化的地区(Rosário,2004),阿连特茹是其中受影响最严重的地区之一。

"地中海沙漠化和土地利用"项目研究出了一种名为"环境敏感地区分类"的方法,将该方法应用于该地区后,结果显示阿连特茹约64%的面积处于土地高度退化和沙漠化状态。

针对这种现状,当务之急是采取措施和行动防治沙漠化。政治决策者应负责制定综合性系列措施,争取所有利益相关者的积极参与。鉴于这种迫切需要,葡萄牙设立了五个试点地区实施防治沙漠化与抗旱的国家行动计划,由联合国防治沙漠化公约葡萄牙国家级联络点执行监督(http://www.unccd.int)。

参考文献

(1)Cabral, M. V. 1974. Materiais para a questão agrária em Portugal, séculos XIX e XX. Porto, INOVA, 572.

(2)Kosmas, C. , Kirkby, M Geesson, N. 1999 . The MEDALUS Project, Mediterranean Desertification and Land Use. ,Manual of Key Indicators on Desertification and Mapping Environmentally Sensitive Areas to Desertification", D. G. Project Report, EUR 18882, 87.

(3)Mira Galvão, J. M. 1949. O Seareiro – Sua Função Económica e Social na Cultura do Trigo e a Crise Agrícola, in Folhas de Divulgação Agrícola, Série VI, No 3, folha No 44, Beja, Min. Economia, DGS Agrícolas, Brigada Técnica da XIV Região Agrícola.

(4)Rosário,L. 2004. Indicadores de Desertificação para Portugal Continental, DGF;MADRP, Lisboa,48.

(5)Rosas, F. J. 1990. Portugal entre a Paz e a Guerra – Estudo do Impacto da II Guerra Mundial na Economia e na Sociedade Portuguesa (1939 – 45), Dissertação de Doutouramento, Lisboa, FCSH – UNL, 805.

(6)Roxo,M. J. 1994《A Acção Antrópica no Processo de Degradação de Solos — A Serra de Serpa e Mértola》, Dissertação de Douroramento, Lisboa,FSCH,1994.

案例研究之五

在阿尔卑斯山区建立跨国界的土壤信息系统

意大利和斯洛文尼亚的案例研究

Sara Zanolla，Borut Vršĉaj and Stefano Barbieri

为了提供有关高山土壤的特性及其面临的主要威胁(有机质和土壤侵蚀)方面的信息,意大利环境部支持开展了一个名为 ECALP 的项目:阿尔卑斯山地区生态土壤学制图。其目的是制定一个通用的数据交换格式并在一些试点地区进行测试。这种将土壤的主要特性以新的方式呈现给非专业公众的方法在意大利和斯洛文尼亚之间的跨境试验区内已通过测试。

1. 斯洛文尼亚和意大利的土壤信息

在 1980 年代末期,斯洛文尼亚土壤与环境科学中心开始建立斯洛文尼亚数字化土壤地图的工作。土壤制图工作时断时续,直到 1999 年 1 月底才完成斯洛文尼亚国土范围内的数字化土壤地图,比例尺为 1:25000(DSM25)。20 世纪 90 年代中期,斯洛文尼亚土壤信息系统(SIS)完成设计,系统将整合斯洛文尼亚全部的有地理参照的土壤数据。该 SIS 信息系统的基本目标是把所有的地理参照土壤数据汇集到一个用户界面友好的系统之中。目前,斯洛文尼亚土壤与环境科学中心使用该 SIS 系统,另外斯洛文尼亚农业研究所也在使用并对其进行了进一步的发展。

在意大利,土壤调查工作通常由地方承担。近年来,国家将一些权力下放给了地方,如土地规划权,所以由地方来承担土壤调查工作的局面将会延续下去。然而,为了使全国的土壤数据协调一致而付出了巨大的努力。1998 年,前区域性农业发展和促进署,现已改名为区域性农村发展署,开始编制 Friuli Venezia Giulia 地区 1:100000 土壤图并建设相应的数据库(威尼斯附件的自治区,面积 7855 平方公里)。目前,大约五分之一的研究区域的土壤图已印制出来(Michelutti et al., 2003),另外五分之二仍在进行中。在项目的整个区域范围内,冲积平原的土壤制图进展较快,而山区因农业活动较少,资料也少,进展速度慢。

2. 意大利和斯洛文尼亚之间的试点区

按照 ECALP 项目的技术要求选择了一个跨国境试点区(见图 1,400 平方公里合 40000 公顷的长方形区域)。边界按欧洲委员会联合研究中心确定的一公里的网格处理。试点区位于朱利安阿尔卑斯山山前向冲积平原的过渡地带。该区受地中海气候的影响强烈,土地利用以农业(主要是葡萄园)和天然阔叶林为主。平均海拔约 300 米,面向冲积平原的山谷处最低海拔约为 30 米,最高海拔 900 米。山坡的坡度变化较大,有的很平缓,有的坡度超过 60%。年平均气温冲积平原和南部丘陵区为 12～13℃,北部为 9～10℃。年降雨量在冲积平原上约为 1400 毫米,其东北部大于 2000 毫米。

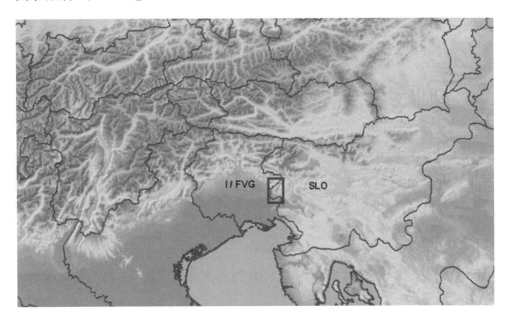

图 1　斯洛文尼亚与意大利之间的跨境试点区

选择研究区时另一个考虑因素是土壤图采用的不同的比例尺。试点区意大利一侧已有比例尺为 1∶250000 的地图,而该地区的大部分面积具有 1∶50000 的地图,其中葡萄酒生产区占据的一小块地方有更大比例尺的详细地图。整个斯洛文尼亚领土地图的比例尺为 1∶25000(DSM25)。

要建设一个跨边界的土壤信息系统包括辅助数据,就要全面收集数据并且统一数据采集过程。在此期间,实施以下工作步骤:①采用方位角等面积投影法计算试点区的面积;②交换国家投影定义文件;③选择最小的共用辅助数据层,如数字高程模型、土地利用图、森林覆盖图、年降雨量等;④将试点区的数据转换为国家投影系统的数据;⑤共同确定图例;⑥联合进行现场调查,共同讨论土壤与地貌的关系(见图 2);⑦利用现有的土壤地图和辅助数据集创建向量数据库;⑧交换图件初稿并修改;⑨对边界进行复核和比对;⑩共同复核属性表;⑪按不同分辨率将数据进行栅格化处理;⑫最终成图编写说明,提供数据库和报告。

3.用来评价土壤威胁的数据

利用跨边界土壤信息系统可以评估试点区的土壤有机质下降以及水土流失

量。要做到这一点,我们确定出试点区有机碳的基准水平,并利用定性的 CORINE 侵蚀模型(EEA,1995)计算出了土壤侵蚀量。

利用 ERSA 土壤数据库,通过现场土壤剖面采样分析,推算出意大利的有机碳蓄存量。由于意大利的方法最初是用来测算有机碳的体积含量的,所以必须将数据转换成符合 ISO 标准的值(即有机碳的重量),采用回归函数的办法解决了这个问题。为了获得不同深度的有机碳含量值(单位:吨/公顷),必须利用碎石体积和土壤容重进一步转换数据。ERSA 土壤数据库中有碎石的数据,而土壤的分层容重采用土壤传递函数进行了估算(Rawls,1983)。最后,不同深

图2　意大利和斯洛文尼亚联合工作组在现场进行土壤描述

度(腐殖质层,30 厘米深和 100 厘米深)土层的有机碳含量(单位:吨/公顷)按每个土壤分类单元(STU,现场土壤类型相似的单元)分别计算出来,然后通过将图斑中所有土壤分类单元进行加权平均,计算出土壤地图上每个图斑的土壤有机碳含量。

CORINE 土壤侵蚀定性分析模型所需的参数包括土壤可蚀性、气候侵蚀力、土地覆盖度和坡度。每个土壤分类单元的土壤可蚀性计算方法为:①将表层土壤的黏土和沙土含量值转换为 CORINE 侵蚀模型的分级值;②土壤深度(到达基岩或含量为 70% 的砾石层;③表层土壤的碎石含量。

将每个图斑的气候侵蚀力用 Fournier 指数与 Bagnouls－Gaussen 指数相交的方法分别计算出来,把土地覆盖度参数赋给每个图斑中的每个土壤分类单元,同时区分可耕地土壤和永久性植被覆盖的土壤。40 米×40 米精度的数字高程模型用来生成坡度参数。最后的计算结果是一组侵蚀等级值(从 0～3),在数据库中被称为 ASER 值(实际土壤侵蚀风险值)。再用回归函数法把 ASER 值粗略地转换为土

壤侵蚀量(吨/公顷)。

4. 结语

现场联合调查取得的一个重要成果是了解对方描述土壤剖面的方法。这种相互了解对于项目后期进行质量核查和数据库的统一是至关重要的。ECALP 项目的另一个重要成果是将土壤数据概化。使用什么的精度地图是多次讨论的话题,将土壤数据从局部大比例尺(1:25000)概化为区域性比例尺(1:250000)时应十分小心,应基于专家知识全面仔细地核查结果。所遇到的主要困难是选定软件包的有关技术问题。

跨边界土壤信息系统使用的图斑结构不会导致信息丢失,信息丢失仅取决于图斑的分辨率,特别是在阿尔卑斯山环境中,较粗的图斑有时会涵盖两个山脊和一个狭谷,土壤类型差别太大。评估一个通过半自动概化生成的地图成果其实是非常困难的。

跨边界的土壤信息系统采用的 1 公里×1 公里网格的分辨率,当转化为 1:250000 的比例尺时并不一定会丢失土壤信息。但必须强调的是,在将数据转化为更详细的大比例尺时(如 1:25000)应认真解译。

土壤信息系统需要矢量和栅格化的数据格式。矢量格式是表征土壤基本信息如土壤图和剖面采样点的主要形式。栅格数据在进一步处理土壤和土地相关数据时更为重要,所有环境属性信息都采用栅格数据格式。此外,栅格数据可实现多个数据层的快速高效计算处理,能处理庞大的数据量。当前及今后一个时期,栅格数据处理可能是获取土壤和土地性质专题数据集唯一可行的办法。

参考文献

(1)EEA, 1995. CORINE Soil erosion risk and important land resources in the southern regions of European Community. Office for Publications of the European Communities, Luxembourg, 124.

(2)Michelutti G. , Zanolla S. , Barbieri S. , 2003. Suoli e paesaggi del Friuli Venezia Giulia – 1. Pianura e colline del pordenonese. ERSA, Servizio della sperimentazione agraria, (in Italian).

(3)Rawls W. J. , 1983. Estimating soil bulk density from particle size analysis and organic matter content. Soil Science, 135:2, 123 ~ 125.

案例研究之六

防护林的可持续管理

奥地利案例研究

Sanneke van Asselen and Bernhard Maier

防护林的主要作用是预防自然灾害,如岩崩、滑坡、洪水和雪崩等。防护林的其他效益包括提供休闲娱乐场所等社会效益和经济效益。根据奥地利森林法的定义,防护林指在土壤上立地的所有森林,如果没有森林的覆盖,这种土壤将会因遭受风蚀、水蚀和风化作用而流失,因此需要特别对待以保护土壤与植被。在条件极端恶劣的地方,防护林首先要自我保护才能生存下去,所以它们要保护自身立地的土壤和土地。在山区,非常重要的是要妥善管理防护林。本案例研究呈现了一个在山区以保护土壤为目标的永久性防护林可持续管理的范例。

蒙塔丰位于奥地利最西边的福拉尔贝格省的南部,是一个多山地区(见图1)。在中世纪,蒙塔丰地区的日常生活受所谓的《蒙塔丰地区法》管制,这部法律几乎涵盖了生活的方方面面。那时,福拉尔贝格省有 24 个像蒙塔丰那样的地区代表机构和地区法院。这种宪政体制于 1806 年巴伐利亚占领期间被废止

图1 蒙塔丰(Montafon)地区地理位置

了。回归奥地利后,蒙塔丰下辖的 10 个社区再次选举代表管理公共事务,如林业、基础设施和消防等。如今,福拉尔贝格省只设有两个地区代表机构,即蒙塔丰市和布来根瓦尔德市。蒙塔丰下辖 10 个小区,承担有区域发展的重要任务,如交通、社会发展、环境、文化、教育和经济。蒙塔丰林业局是蒙塔丰市政府的一部分,肩负着维护防护林发挥多种功能的重要任务。

1832 年,蒙塔丰辖区内的村庄(Stallehr 和 Lorüns 两个村除外)向国王购买了蒙塔丰山谷地区所有的森林。这意味着国王将当地森林的所有权和义务以及管理工作转给了蒙塔丰市行政当局。今天,蒙塔丰林业局的主要职责是管理山区森林,以维护和加强防护林的作用,同时保障森林的利用权(包括木材的采伐权)。蒙塔丰林业局统辖和管理着蒙塔丰山谷地区约 8400 公顷的森林,占当地森林面积的 70%

蒙塔丰地区的森林主要分布在海拔 1200 米以上陡峭的地带。为了确保森林实现其预期的功能,必须以多功能、可持续管理的方式进行森林管理。这种管理方式依赖于对有关森林状态的长时间详细信息的掌握。为此,各种经济和生态的林

分参数通常通过反复进行的陆地森林调查来采集。蒙塔丰市擅长山区造林。由于采伐木材会通过改变土壤矿物颗粒、土壤中的气体、水分、土壤有机质、生物和养分的含量而降低土壤生产力,因此预防土壤生产力降低的最佳措施是采取因地制宜的森林管理方法,最大限度地减少土壤扰动。在蒙塔丰市,采伐林木是使用缆索起吊设备进行的,这样可保护森林土壤和余留的树木。通常,制定的管理决策要考虑森林各种功能方方面面的问题,必须根据林地的最新情况以及因地而异的林学特征进行量身定制,奥巴赫村的山林案例研究将给予详细描述。

奥巴赫村山林地处蒙塔丰山谷,位于 Gaschurn 村附近的倾向为南至南西向的山坡上,森林面积约 50 公顷。这片森林从山谷的谷底(海拔 930 米)沿山坡一直向上延伸至海拔 1500 米处,山坡形态均一,平均倾角 36°。由于靠近奥巴赫村,这片森林里一直是当地居民采木和放牧的一个重要的资源,也是保护他们免遭岩崩和雪崩袭击的一个重要屏障。崩石源自的坡顶上临空的岩壁,距村庄的垂直高差达 100 米。因此,在奥巴赫村山林的主要保护功能首先是拦阻崩落的岩石,其次是防止雪崩沿坡面开敞的沟道下滑。

1988 年的森林状况对奥巴赫村的居民敲响了警钟:森林中的树木大部分被岩崩摧毁,森林没有表现出再生能力,极易被大风刮倒,树木缺口扩大,已日渐稀疏。当时羊群的放养头数达历史最高,这是森林缺乏再生能力的主要原因。由于云杉树所占的比例较高,太阳顺着大风刮倒的树木造成的宽大的林隙照进林地里,引起以大量树皮甲虫的入侵。以当时的情况判断,森林的自然生态过程已无法维持防护林继续发挥保护作用所必需的森林结构,生态系统的完整性已得不到保证。由于居民和地方当局担心这片森林将来无法再起到保护作用,于是就启动了森林修复工程。

根据林分发展评价,采用树木密度和直径分布以及林隙尺寸等参数,制定了以下森林管护措施:①减少有蹄牲畜的数量;②建设林间交通道路;③在大的沟道内建设拦雪坝,安装岩崩防护网;④小规模砍伐歪斜的树木;⑤沿坡向倾斜一定角度,按不规则的窄条状采伐林木,并用缆索起吊系统进行运输;⑥在已遭破坏的林地上重新植树造林,并间种榛子等矮林以促进树木的生长速度。

森林是一个动态的系统,所以不可能一厢情愿地把一片森林长时间保持在固定的条件之下。因此,管理的目的是培育不同发育阶段的林段,使之镶嵌为一整片。为了达到这种镶嵌效果,特别应将均一的 O 和 O/A 阶段(见图 2)的林段分割成一小片一小片的。通过不规则条带状采伐作业(见图 2),森林的再生阶段就开始了。这一过程应贯穿于一个林段的整个发育周期,以获得发育阶段相互交错的森林结构。一旦森林的再生达到一个稳定的阶段,就可以延伸缆索吊装系统,继续进行镶嵌式的森林结构的建构作业了。

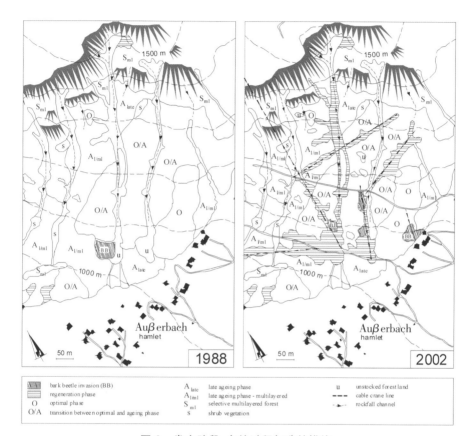

图 2 发育阶段、自然过程与造林措施

造林策略需要同时考虑森林的防护功能以及经济和技术要求。缆索起吊系统适合在陡峭的地形进行择伐作业,将采伐过程中对土壤和余留树木的破坏最小化。如果人们可以依赖现有的林间道路等基础设施,那么移动式缆索起吊系统可以快速架设起来,经济成本很低,即使只砍伐少量的树木。用直升机伐树可提供更大的灵活性,但成本实在是太高了。

在老龄化的疏林地,用缆索起吊系统就明显不合适了,因为个别树需要保留,否则会造成过大的林隙。这就是为什么在这种情况下需要精心挑选、定点砍伐少量的几棵树,以启动森林的再生过程。伐倒的树干应斜置在砍伐现场,以便阻缓崩塌落石的下滑速度,并起导向作用。如果将树干横放在山坡上,石块受阻后逐渐累积起来,那么一旦圆木腐烂,就会造成岩石崩塌。

一般来说,维护防护林的保护功能需要稳定的永久性立木,这只有在采用"亲近自然"的森林管护方法才能保证。从长远来看,防护林的抚育和再生是维护其防护功能和保护土壤层最便宜的措施。奥巴赫村采取缆索吊机进行采伐作业有助于森林的再生,从而保证未来永久性的森林覆盖,同时确保作为原始森林生态系统一部分的土壤层免受扰动。

参考文献

(1)Stand Montafon website:http://www. stand – montafon. at/stand – montafon(in German).

(2)Anonymous(2002):Forstgesetz – Novelle. BGBl. I Nr. 59/2002. – Bundesministerium für Land – und Forstwirtschaft,Umwelt und Wasserwirtschaft,Vienna,Austria,in German.

案例研究之七

土壤固封的治理

德国案例研究

Marion Gunreben

土壤固封是土壤目前受到的主要侵害之一,特别是在工业化国家。土壤固封严重阻碍了土壤作为生态基质和调节媒介行使其自然功能的能力。随着建设用地的日益扩大,占据越来越多的土地面积,由此而导致的土壤表面的密封是土壤受到的主要影响之一。为遏止这一过程,德国北部的下萨克森州提出了在建设区规划中设计、建造紧凑型建筑来维护土质的理念。

二次世界大战结束以后,人民的生活水平稳步提高,国家将更多的土地空间用于住宅区和交通道路的建设,特别是在工业化国家,如德国、荷兰、意大利等国。人民对生活水平的期望越来越高,如人均居住面积提高,更多的人拥有多套住宅,不婚家庭的比例增大,公共设施增加,基础设施也越来越完备。1989—2001 年间,德国北部下萨克森州住宅区和交通道路占地面积从 10.6% 增加到 11.8% ,也就是说,在仅仅 12 年里,该州土地总面积的 1% 转变为完全不同于以往的土地利用方式。若要直观地理解这种土地利用变化的规模,相当于每天都有超过 15 公顷或 20 个足球场大的土地被新建的住宅和交通设施侵占。

从这方面来看,下萨克森州只不过是德国的一个缩影罢了:整个德国建设用地的面积比例在 1985—1993 年期间增加了 0.9%。建设用地比例增加特别快的是那些前西德的"老牌"州,从 1950 年的 7.1% 急剧上升到 1992 年的 12.7% ,40 年里,这些州的住宅和交通设施用地占建设用地面积的 80% 。德国每天有超过 120 公顷的土地用于新建住宅区和交通设施,主要是以侵占农业用地为代价。这相当于166 个足球场的面积,足够 30000 人居住。人均住房面积 1990 年为 38.5 平方米,2000 年为 40.9 平方米,到 2010 年则达 43.1 平方米。

并不能将住宅和交通设施的占地面积简单地等同于土壤表面发生固封的面积。除了大楼、铺筑后的地面和柏油马路以外,许多类型的地面并没有受到固封影响,如花园、公园、路边地和土堤等。因此"住宅区与交通实施"只是一类用地的统称,其中包括了高固封潜力的用地,可以代表总固封度高的一类用地。净固封的土地面积,即地面雨水无法下渗的区域面积,在下萨克森州现在只能作为一个整体来估计,缺乏精确的数据。

土壤固封对于土壤生态系统有着严重的影响。有的影响后果可以逆转,而有的根本就无法逆转。完全固封的地表丧失了支持植物和其他生物生存的条件,也不再具有过滤和补给地下水的功能。由于土壤和生态系统其他组成部分之间的密切关系,土壤固封对土壤的损害也影响着植物、动物、水和大气(见图1所示)。

土壤固封通常会导致的土壤自然功能的完全丧失,如真菌、细菌等许多生物依赖土壤作为其生存环境。如果把它们与供给生存必需要素的环境中孤立开来,那么它们很快就会死亡,即使恢复了生存环境,它们的种群数量会繁殖得非常缓慢。土壤的温度、含水量和土壤结构发生了改变,土壤中的气体与大气之间没有了交流,固封的土壤不再发挥地下水渗流的过滤、缓冲和调节作用。因此,土壤过滤功能的降低将直接影响地下水的水质。

对于植物和动物群落来说,土壤固封意味着丧失植被及其生境。以前连为一体的植被区被相互分割开来,物种的谱系也发生了变化。

土壤固封对于水资源的影响也非常大。地下水的再生速度下降,而地表径流的流速加快,形成洪水灾害。固封的土壤丧失过滤功能后提高了邻近土壤和水体的污染物输入量增大的危险。

由于蒸发量减少,且人工地面比天然植被吸收更多的热量,所以土壤固封对微气候的影响后果也是相当严重的。相对湿度降低后,导致空气质量变差;大气中水蒸气含量降低后,大气中的污染物就不易被吸附;植物制造的氧气量也会减少。这些因素将导致生物气候条件恶化。

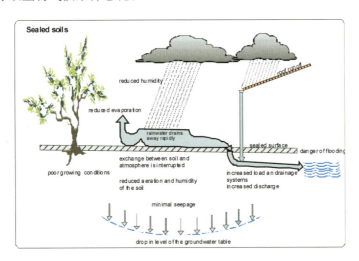

图1 土壤固封对环境的影响

鉴于温带生态区土壤再生速度通常大大低于每年1毫米,所以必须减少水土流失,包括通过土壤固封而造成的流失。通过消除导致土壤固封的原因而使土壤恢复至原状的措施只能起到部分效果,考虑到土壤形成是一个极其缓慢的地质过程,在短时间内使土壤完全恢复如前是不可能的。

在一次试验研究中,在选定的区域中利用详细的地籍数据,下萨克森州生态署取得了全州市一级净固封度的总体数值,2004 年全州的总体固封度为 4.8%,1989年与 2001 年的数据对比显示,平均每天土壤固封的面积增加了 5.3 公顷,相当于 7个足球场那么大。

在下萨克森州,对于那部分没有被法律涵盖到的土地的保护建议了土质目标,有关建议涉及各级政府(如地方和市政当局)以及从事水土保持评估和规划的机构和组织。已经出版的《土质目标建议》的第一部分就阐述了土壤固封无形之中所造成的损害。

下萨克森州制定了以下土质目标:"在短、中期应减少住宅和基础设施建设的土地需求。为实现这一目标,应优先将城市浓缩而不是扩张式发展。长期来说,新增的土壤固封总面积应少于脱封土地面积与废地再利用面积之和。"

当房地产开发商开始建造房屋之前,应拟好建筑规划,按有关规范对场地的处理提出技术要求。在规划阶段,与避免不必要的土壤固封有关的一个重要参数就是建筑覆盖度,可按建设项目的不同组成部分或按每一块场地分别计算出来。建筑覆盖度指标即所谓的场地覆盖比以及建筑面积比。建筑覆盖比指大楼与地面的接触面积与场地总面积之比的允许值。建筑面积比(容积率)代表所有楼层的平面总面积与占地总面积之比。

德国的建筑物使用法规为大楼的建筑覆盖度指标在法律上设定了限度,但是在设定该指标的最大限度值时所表现出来的"放任自流"态度以及操纵这一指标的做法在下萨克森州乃至在整个德国都是司空见惯的。与之相反,新的开发计划大致反映出建筑覆盖度限制指标的落实很不到位,人们看得见的是大楼的垂直和水平密度都很低,造成了土地面积的大量消耗。

从土壤保护的角度来看,建筑容积率有着特别重要的意义。建筑的容积率增大,则建筑物占地尺寸减小,相当于土壤固封的面积减小,从而总固封面积和净固封面积都相应地减少了。按照建筑物使用法规,加强建筑物占地限制指标的采用和落实,可直接有利于水土保持目标的实现。

出于这些方面的考虑,土质目标建议以下质量标准:在规定上限的同时,还应为所有类型建筑物的开发设定一个下限,且下限应为上限的 50%。表 1 为各种开发类型最低建筑密度的质量标准。

表1 最低建筑密度质量标准建议值

开发类型	覆盖比	容积率
小型房屋	0.1	0.2
全住宅区或度假村	0.2	0.6
特殊住宅区	0.3	0.8
村庄或城乡结合部	0.3	0.6
市中心	0.5	1.5
贸易区、工业区或其他特殊用途区建筑	0.4	1.2
周末别墅	0.1	0.1

在下萨克森州,一年内住房开发用掉了将近2000公顷的建设规划用地。建筑场地规模平均为890平方米。对于这些建筑物来说,如果有一半落实了覆盖比上限(对于住宅区来说,相应的建筑密度为0.6),则可少占地638公顷,节约三分之一。即使如此,建筑场地平均规模仍高达593平方米。

对于商贸和工业区的建筑物来说,节约的土地面积会更大。假如只有一半的建筑落实最大覆盖比的规定,那么就可节约四分之三的土地下来,就没有必要改变它们原先的土地利用了。

除了增大建筑密度之外,还应尽可能多地保持建筑场地中不被固封的土地面积,并用植被加以覆盖,以便将土壤固封的范围减少到最小。

大规模开发城市边缘地带已形成趋势,只有通过提高城区现有建筑物的质量才能遏止这种趋势。未来,内城区的开发需要实施更高的建筑质量标准,特别是提高建筑选址和城市环境要求方面的标准,使得城区开发比周边开发更具竞争力。然而,要遏制土地消耗,潜力最大的还是在商业和工业开发区,这涉及两点,一是建筑密度,二是所谓的场地循环再利用,即把荒置的场地利用起来。未来要实现这个目标难度不小,在国家管理的许多方面都需要创新观念。

参考文献

Dahlmann, I., Gunreben, M., Tharsen, J., 2003: Bodenversiegelung. Nachhaltiges Niedersachsen 23, 30~41 (in German).

案例研究之八

从土壤侵蚀到水土保持

荷兰的案例研究

Luuk Dorren 和 Anton Imeson

南林堡位于荷兰最南端,丘陵地貌、土壤侵蚀和地表径流造成了巨大损失和问题,尤其是在 20 世纪 70 年代末和 80 年代初。史前时期的农业耕作就已经造成了土壤侵蚀,当地人采用植物篱的措施。后来又发展成水平台阶,以减轻水土流失的影响。现代农业、土地整理和土地重新分配使原来构建的水土保持工程措施解体,土壤侵蚀随之加剧。在这种情况下,社会呼吁采用预防措施防治水土流失,保护土地景观。

南林堡的地貌景观为被众多河谷纵横交切的高原,这些河谷大多数已经干涸了,它们是潮湿寒冷的冰川时代的遗迹。南林堡地区在过去 15000 年里促使地貌发生变化的主要驱动力可概括为:①黄土的沉积;②人类活动和土地利用。黄土的缓慢沉积和堆积深刻影响了当地的水文情势。南林堡的黄土层一般厚 2 米多,但局部厚度达 20 米。这层黄土就像一个巨大的海绵,每一米厚的黄土可持留 40~60 厘米的水。虽然黄土的保水能力使它非常适合湿润地区的农业类型,但是在黄土沉积过程中,将原有的排水系统堵塞并埋起来,不再具有排水功能,使得地下水补给困难,泉水枯竭,形成干河谷并构建出新的地貌景观。鉴于地貌的演化及其作用方式,南林堡沉积的黄土非常肥沃,但却是以丧失排水系统为代价的。

从新石器时期开始,在南林堡定居下来的人就得益于这种土质肥沃且保水性能良好的黄土层(Renes, 1988)。多次古生态调查揭示,新石器时期及其后的罗马时期的农业造成了某种程度的土壤侵蚀(Van den broek, 1958;Janssen, 1960;Mücher, 1986)。调查发现,当时形成了凹陷小路,土壤崩积物沉积在河谷的底部。可能当时的人们故意采用了一些水土保持的措施,如用植物篱措施来拦截泥沙,后来又发展为水平台阶。这种水平台阶有自我强化的功能,发生水土流失时,台阶边缘处生长的植物篱拦截水和泥沙,水和泥沙反过来又促进植物篱的生长,台阶上的土壤结构会慢慢改善,因而将逐渐提高水的入渗。很好地维护这种台阶,再加上植被覆盖的自然发展和土壤结构的改善,最后会形成相对稳定的且具有一定耐受力的地貌景观系统。

现代农业、土地整理和土地重新分配开始于 20 世纪 60 年代末和 70 年代初,50 年代和 60 年代那样的小块地逐渐合并成大田。随着这种土地合并运动的开展,原来在台阶地边上生长的小树篱、树林和灌木丛日见消失。原来多样化的农业种植与自然区域相混合的用地状况改变为只种植玉米、小麦、甜菜等几个主要品种的农业用地（De Roo et al.，1995）。农业生产活动加上暴雨的袭击，导致在80年代出现了严重的土壤侵蚀问题（Schouten 等，1985；Kwaad，1991），见图1。肥沃的土壤大量从农田流失，在低洼处再次沉积下来。所谓的土壤侵蚀的非现地影响造成的危害更甚。农村排污系统堵塞，导致大量泥流涌上街道。由于南林堡的许多村庄都坐落在干河谷的底部，极端天气发生时，这里毫无例外是受水淹的地方，给基础设施造成了极大的破坏。图1中数据来自于大型侵蚀事件调查报告以及对农民和居民的访谈，与农民和居民的访谈。值得一提的是，我们于1984年和2003年两次在南林堡农业区的不同地点调查研究了土壤团粒的稳定性，结果发现土壤团粒稳定性无显著差异，这意味着在土壤结构没有明显变化的情况下，地表景观结构和植被覆盖却变化很大。

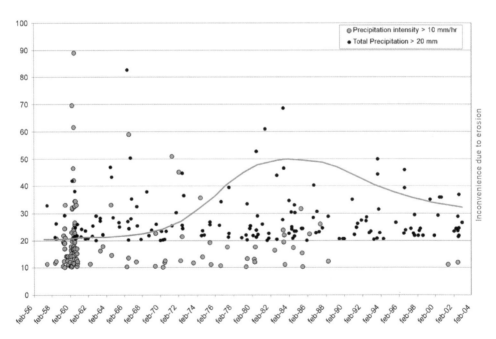

图1 南林堡地区马斯特里赫特市雨量站观测到的降雨量，标出降雨强度大于每小时 10 mm 和每日净降雨量大于 20 mm 的降雨事件（数据来自荷兰皇家气象研究所）。右侧的纵坐标代表侵蚀给社会生活造成的不便，相对应的点为暗灰色，这个指标仅具有相对意义

社会于是对此作出反应。1970—2000年期间，南林堡采取了一系列措施来研究、治理该地区的土壤侵蚀。根据研究成果所采用的治理措施包括：农民改进耕地和播种方法;为避免冬季土地荒置,农民在秋天就撒播黑麦越冬,将农田变为草甸,并在干河谷底部修建大型沉沙池(Bouten et al., 1985;Van Dijk et al., 1996;Geelen et al., 1995;Kwaad et al., 1998)。

大自然自身对土壤侵蚀作出的反应是,流失的水土在别的地方沉积下来。南林堡的情况是,黄土及下部的砾石经侵蚀搬运后沉积在干河谷的谷底部位,形成了小型的冲积扇。这些小冲积扇缓慢上溯,一直蔓延到支流河谷处。结果地表被抬高,沟谷底部土壤为黄土夹杂粗颗粒材料,其渗透性较强,增大了地表水的下渗。同时,支流河谷岸坡上的黄土不断流失,其进一步发生侵蚀的潜力降低。有时农民耕地会碰到风化的基岩。上述情况发生在过去的二十年内。虽然有时发生强降雨,但在过去的十五年里没有发现一般从河谷底部开始发展的沟蚀现象。在1980年代,同一地点的沟蚀现象非常普遍。南林堡地区成立了"林堡景观基金会",也加强了自然系统的自适应能力。该基金会的目标是保护南林堡地区的地表景观,从农民手中收购土地并将之恢复到原始的景观状态,同时重新引入天然草本及其他植物。这种植被可在冬季保护土壤,增大土壤团粒的稳定性。林堡景观基金会整治的土地面积逐渐扩大,他们收购并整治的土地往往是农民以前遇到土壤侵蚀问题的地方。

总之,我们可以说社会对于土壤侵蚀的应对是充分而又适当的,而且侵蚀已得到遏制,社区给土地赋予了其他的功能,土壤侵蚀问题将不再成为一个问题了。所有这一切可以被看作一个相互关联的人与自然整体系统的适应性。对本案例更详尽的分析可参考 Dorren 与 Imeson 两人的论著(在出版之中)。

参考文献

(1)Bouten, W., Van Eijsden, G., Imeson, A.C., Kwaad, F.J.P.M., Mücher, H.J. and Tiktak, A, 1985. Ontstaan en erosie van de lössleemgronden in Zuid – Limburg. Geografisch Tijdschrift 19, 192 ~ 208 (in Dutch).

(2)De Roo, A.P.J. van Dijk, P.M., Ritsema, C.J., Cremers, N.H.D.T., Stolte, J., Oostindie, K., Offermans, R.J.E., Kwaad, F.J.P.M. en Verzandvoort, M.A., 1995. Erosienormeringsonderzoek Zuid – Limburg. Veld – en simulatiestudie. Rapport 364.1, DLO Staring Centrum, Wageningen, 234 (in Dutch).

(3) Dorren, L.K.A. and Imeson, A.C., in press. Soil erosion and the adaptive cycle methaphor. Land Degradation and Development 16.

(4)Geelen, P.M.T.M., Kwaad, F.J.P.M., Mulligen, E. van, Wansink, A, en Zijp, M. van der, 1995. Optimalisatie van erosieremmende teeltsystemen. Onderzoeksresultaten over 1995 van de Proefboerderij Wijnandsrade, Stichting Proefboerderij Wijandsrade, 93 ~ 99 (in Dutch).

(5)Janssen, C.R., 1960. On the Late – glacial and Post – glacial vegetation of South – Limburg

(The Netherlands). North – Holland Publ. Company, Amsterdam, 112.

(6) Kwaad, F. J. P. M., 1991. Summer and winter regimes of runoff generation and soil erosion on cultivated loess soils (The Netherlands). Earth Surface Processes and Landforms, Vol. 16, 653 ~ 662.

(7) Kwaad, F. J. P. M., Van der Zijp, M. and Van Dijk, P. M., 1998. Soil conservation and maize cropping systems on sloping loess soils in The Netherlands. Soil and Tillage Research, Vol. 46, 13 ~ 21.

(8) Mücher, H. J., 1986. Aspects of loess and loess – derived slope deposits: an experimental and micromorphological approach. PhD Thesis, Universiteit van Amsterdam, 270.

(9) Renes, J., 1988. De geschiedenis van het Zuidlimburgse cultuurlandschap. Van Gorcum, Assen, 265 (in Dutch).

(10) Schouten, C. J., Rang, M. C., Huigen, P. M. J., 1985. Erosie en wateroverlast in Zuid – Limburg. Landschap 2, 118 ~ 132 (in Dutch).

(11) Van den Broek, J. M. M., 1958. Bodenkunde und Archäologie mit besonderer Bezugnahme auf die Ausgrabungen im Neolithikum von Sittard und Geleen. Palaeohistoria 7, 7 ~ 18 (in German).

(12) Van Dijk, P. M., Kwaad, F. J. P. M. and Klapwijk, M., 1996. Retention of water and sediment by grass strips. Hydrological Processes, 10, 1069 ~ 1080.

案例研究之九

挪威的水土流失治理

挪威南部的案例研究

Arnold Arnoldussen

挪威农业结构调整的增大了土壤的侵蚀风险。侵蚀的主要影响是污染淡水和海水资源。1988—1989年水污染导致了严重的水华。在流域内开展了土壤制图项目,并颁布了有关法规。其主要目标是减少秋季耕地面积。目前秋季耕地面积是成功减少了,但在一些特定的流域内还需进一步减少秋季耕地面积,这一目标是能够实现的。

挪威的农业结构在1950年作了很大的调整:牛的养殖集中在挪威的西部和西北部。东南部混合经营的农场转为只种庄稼,并将许多老牧场开垦为耕地。随着高效重型农机具、化肥以及新的耕作方式的采用,农业的集约化程度增强。随着农田的整理,小块地和半自然植被以及边际土地消失了,农业结构调整以及农业的集约化将低产田改变为高产耕地(Arnoldussen,2003)。

20世纪80年代,农业结构调整的负面影响开始显现:土壤侵蚀增加,江河湖泊受到氮和磷的污染,文化景观消失,生物多样性减少,等等。

在1988—1989年期间,北海和斯卡格拉克海峡的蓝藻暴发导致大量的海洋生物死亡。由氮和磷造成的水体富营养化被认定是导致有毒藻类大量繁殖的罪魁祸首。环北海的欧洲国家达成协议,计划将营养物的排放量缩减一半。挪威的战略是通过实施流域土壤制图计划,并制定农业环境计划,鼓励易侵蚀地区春季翻耕,以减少土壤侵蚀。

在挪威,土壤侵蚀主要发生在秋、冬两季,这时土壤已经饱和,如果再下大雨,地表径流增大,就会造成土壤流失。暮冬时节,水土流失是由大片的融雪造成的,有时还包括冻土的因素在内(Øygarden,2000)。水力侵蚀是耕地上土壤退化的主要因素,尤其对于地形起伏、存在海洋沉积物的耕地。1970—1985年期间,土地平整作业导致了严重的水土流失问题,并加剧了水污染(Øygarden等)。

为了有效地减少土壤侵蚀,可采用以下手段:①开发挪威土壤信息系统;②制定旨在降低土壤侵蚀风险的农业环境计划。

1. 挪威土壤信息系统

挪威立项对北海和斯卡格拉克海流域范围内的农业区进行土壤制图。挪威土壤信息系统包含数字化土壤图,与之相连接的是一个含有土壤和地形属性数据的土壤类型数据库,还有一个土壤剖面属性数据库,其中包括与所测土壤类型有关的分析数据(Nyborg 等,1998)。

将通用土壤流失方程(USLE)模型按挪威的具体条件作了调整,生成了土壤侵蚀风险图。该风险图是基于土壤和坡度特征。市、县和农户使用该风险图减少水土流失。土壤数据和据此而生成的图件,可通过互联网查阅。农民们通过密码可下载他们自己农场的具体信息。

2. 立法

防治水土流失的现有手段有(Kollerud,2005):①法律法规手段;②项目申请经济资助时的交叉符合性论证机制;③经济手段。

一个重要手段是对土地平整的监管。从 20 世纪 50 年代到 70 年代,当时的平整土地作业大大加剧了土壤侵蚀。现在对平整土地不再提供补贴了,而且要实现获得批准才能开展这项作业。目前,很少再进行土地平整了。

从 2003 年开始,要求每个农户有义务为自己经营的农场制定出环保计划。这项要求是交叉符合性论证机制的一部分,直接与已有的环保计划相关。在环保计划中农户要描述其农场的环境现状,以及将要采取哪些措施来维护或改善现状。

为了使自己有资格获取经济资助,农户必须满足某种环保标准,如不允许将河流改道,不允许平整田地等,农户还必须沿农田临水的边缘留出 2 米宽的缓冲带。

如果不按要求制订环保计划,或者不履行有关的义务,那么农户得到的经济补贴就会被扣减。2004 年,98% 的农户都按照规定的要求做了。

农户采取以下水土保持措施可获得经济资助(Kollerud,2005):①水土保持耕作方式;②种植间作物;③缓冲带;④河道植草;⑤修建沉沙池;⑥水利措施。

其中最重要的措施是采用水土保持耕作方式,减少秋季耕田的面积。2003 年这项措施的总投入达 2 亿欧元。补贴的多少与某块地的侵蚀风险高低有关。表 1 为 2004 年的补贴标准。

表 1   **2004 年土壤整治补贴标准**

措施		欧元/公顷
冬季留有作物残茬的田地	低侵蚀风险	50
	中侵蚀风险	75
	高侵蚀风险	135
	极高侵蚀风险	175

续表

措施			欧元/公顷
水土保持耕作及少耕措施		秋季带秸秆耙地	40
		冬季轻耙后播种	40
		直接播种	50
特别补贴的措施	间作物	容易发生氮流失的地区（按照欧盟有关指令）	135
		其他地区	90
	河道植草		大约600

对技术措施的补贴占总成本的70%，按件一次性发放补贴。另外，如果农户给最高侵蚀等级的土地覆盖永久性植被，也可获得补贴。

3. 结果与结论

修复性土壤管理措施产生了良好的结果。秋季耕地的面积从1989年的81.5%减少到2004年的50%。在2003—2004年期间，45%的谷类作物农田带残茬越冬。

在2003—2004年间，10%的谷类作物农田种植了间作物。目前，90%的补贴给了中、高侵蚀风险区（Børresen et al.，2005）。

目前，挪威已接近完成北海协议所规定的义务（NIVA，2000）。现在的问题集中在某几个流域，需要付出进一步的努力，采取进一步的措施。另外，在这些流域还需要采取与水框架指令有关的措施。现在，一些县在区域范围内正实施具体的治理措施，应该有可能进一步减少土壤侵蚀。

进一步可能采取的措施包括扩大沿河缓冲带，采用水土保持耕作方式，避免在春季易发生洪涝的地方耕地。

在挪威东南部地区排水性能良好的壤土及相对干燥的粘土上采用水土保持耕作方式一般比较成功，但如果土壤水分含量高则难度加大，尤其是粉沙质土壤（Børresen 等，2005）。

挪威的实践证明，少耕及水土保持耕作有助于减少水土流失（见表2），其产量与传统的精耕细做法大致相同，如果杂草控制得好并采用适当的播种技术的话。仅侵蚀风险低的土地才能在秋季翻耕（Børresen et al.，2005）。

表2　与不同耕作方式有关的相对侵蚀风险(Lundekvam, pers. Comm. ;in Børresen et al, 2005).

耕作方式	播种季节	相对侵蚀风险
秋季翻耕	春季	0.85~1.00
秋季耙地	春季	0.55~0.65
春季翻耕	春季	0.33~0.40
春季耙地	春季	0.29~0.35
直接播种	春季	0.25~0.30
翻耕	秋季	0.60~1.10
直接播种	秋季	0.20~0.30

案例研究得出的结论是,土壤信息系统中的数据,结合目标明确的农业—环境管理计划,有助于快速有效地减少土壤侵蚀。

参考文献

(1)Arnoldussen, A. H. , 2003: Reduction of Soil Erosion in Norway. Briefing papers of the first SCAPE workshop in Alicante (ES), 14 – 16 June 2003;71~74.

(2)Børresen, T and Riley, H, 2005: The Role of No – and reduced Tillage in Norway. In: S. van Asselen (Ed.), Briefing Papers´of the fouth SCAPE workshop in Ås, (Norway), 9 – 11 May 2005, 57~62.

(3)Kollerud, J, 2005: The Reduction of Soil Erosion in Norway. Erosion in Norway – Problem and Goals, Strategies, Instruments, Results. In: S. van Asselen (Ed.), Briefing Papers´of the fouth SCAPE workshop in Ås, (Norway), 9 – 11 May 2005,49~57.

(4)NIVA, 2000. Transport of minerals to the Norwegian Coastal areas, based on the TEOTIL Model (in Norwegian), NIVA, Oslo.

(5)Nyborg, Å, and Klakegg o, 1998: Using a Soil Information System to combat soil erosion from agricultural lands in Norway. In: Land information Systems: Developments for planning the sustainable use of land resources. Heineke, H. J, Eckelmann, W. , Thomasson, A. J. , Jones, R. J. A. , Montanarella, L. , Buckley, B. (eds). European Soil research report No 4.

(6)øygarden, L. , 2000: Soil Erosion in Small Agricultural Catchments, South – eastern Norway. Doctor Scientarium Thesis 2000: 8. Agricultural university of Norway, Ås.

(7)øygarden, L. , Lundekvam, H. , Arnoldussen, A. H. , Børresen, T. (submitted). Soil erosion in Norway. To be published in: Boardman, J. , Poesen, J. (eds): Soil erosion in Europe.

案例研究之十

冰岛的土地退化与沙漠化

冰岛的案例研究

Olafur Arnalds

在冰岛,土壤侵蚀和土地退化发展较快,导致生态系统受损,出现了寸草不生的荒漠以及不稳定的土壤环境。全冰岛国土范围内已完成了土壤侵蚀调查,所获得的数据库已成为制定土地利用决策必不可少的工具。地处北冰洋次区域的冰岛,气候湿润,它所遭受的土地退化给人们理解沙漠和沙漠化提供了一个别有意义的视角。以下文章参考了已出版的有关冰岛土地退化和沙漠化的文献,特别是即将面世的《欧洲的土壤侵蚀》一书(Boardman 与 Poesen 编著)中有关冰岛的章节。其他参考材料的清单载于 www. rala. is/desert 以及本文末尾处。

1. Background 背景

冰岛位于北大西洋活动性断裂带上,面积约 10.3 万平方公里。冰岛地处北方海洋,受海湾洋流的影响较大,属次北冰洋偏寒冷性温带气候,冻融循环频繁。低高程地区年降水量 600~1500 毫米,但冰岛东北部的降水量少于 600 毫米。夏季为 3—6 月,大部分降水是冬季冰岛北部及高地的降雪。卫星照片显示,有连续植被覆盖的土地面积为 2.85 万平方公里,另外 2.39 万平方公里的土地上植被覆盖不太连续。3.7 万平方公里为无植被的沙漠,其中一部分是公元 874 年第一批居民定居以后才开始形成的。

从牧场的植被构成可看出这里以牧羊为主,植物主要是耐放牧的物种,如小个体木本植物和莎草。从前全国大部分地区为白桦林所覆盖,但目前全国白桦林仅约占土地面积的 1%(Aradottir 和 Arnalds,2001)。荒芜的土地一般为砂质土,含有火山玻璃和玄武岩质结晶矿物,表面呈暗黑色。在第四纪冰期,整个冰岛几乎都被冰川覆盖,但目前冰川覆盖的面积约为 1.13 万平方公里(LMI,1993)。

2. 土壤

冰岛土壤的形成受风积物持续输入的影响,风积物的物质来源是不稳定的沙漠表层。沉积速率一般为每年 0.01~1 毫米之间,随风积物来源的距离而定。这些物质主要是火山玻璃的碎屑。此外,在火山喷发期间,大部分地区都定期接受火山灰的落尘,每层的厚度变化颇大,一般为 1~30 毫米。冰岛原状土主要为火山灰土(Arnalds,2004),这是火山性母质形成的土壤。

土壤排水也是一个影响冰岛土壤的重要因素。水在火山带内的快速渗透使这一带的土壤自由排水。而火山活动带以外的岩层上的土壤,水的渗透速度就比较慢,因此形成22万平方公里的湿地土,土壤类型主要为火山灰土。虽然这里属次北冰洋气候,但是因为这里的土壤为风积物和火山喷出物,降低了湿地土的有机质含量,所以有机土比较罕见。

冰岛沙漠的土壤被称为玻璃质碎屑土(Arnalds,2004),由粗粒火山喷出物材料组成,主要是火山玻璃,但也含有不定量的黏土矿物和一些有机物质。

火山灰土的性质与冰岛发生的大面积土壤侵蚀关系很大。火山灰土的特征是含有结晶程度很差的黏土矿物(如水铝英石和水铁矿),金属—腐殖质配合物,以及相当数量的有机质。这些物质非常松散,缺少黏结力。含有层状硅酸盐的土壤才具有较强的黏结力,而冰岛许多地方的土壤都具有黏结力。这些特点使火山灰土容易受水力侵蚀,并易于发生边坡破坏。

3. 土壤侵蚀评估

"国家土壤侵蚀评估"项目于1997年完成,并出版了《冰岛土壤侵蚀》一书(Arnalds 等,英文版,2001)。该书提供了全冰岛所有区、县、市和公共牧区的表格和地图。评估结果都存储在一个地理信息系统数据库中,其中包括约1.8万个小区的侵蚀类型和严重程度等信息。该项目于1998年荣获北欧"自然与环境"奖。

冰岛的土壤侵蚀主要发生在牧场。与耕地相关的土壤侵蚀范围和程度很小。沙漠地区没有林草植被的保护,必须把沙漠地区的土壤侵蚀与发生在火山灰土以及有植被生态系统的地区发生的土壤侵蚀分开研究。火山灰土侵蚀的主要特点是,50~150厘米厚的表土层全部被侵蚀剥离掉,只剩下光秃秃的玻璃质碎屑物的表面。沙漠的侵蚀符合较为常见的侵蚀模式,即风蚀和水蚀,但霜冻(阻塞水的入渗)和针冰的形成也是沙漠侵蚀的主要原因。该评估项目是通过比例尺1:100万的现场调查而开展的。

4. 土壤侵蚀

土壤侵蚀调查是根据侵蚀形式,考虑现场的具体条件差异,并适当考虑地貌因素进行的,见表1所示。

表1　　　　　　　　　冰岛的土壤侵蚀分类体系（侵蚀形式）

与火山灰土和有机土有关的侵蚀形式	沙漠侵蚀形式
峭壁式	残留砾石和冰渍土表面
侵蚀前缘推进式(沙侵)	火山熔岩地面
孤点式	裸沙

续表

与火山灰土和有机土有关的侵蚀形式	沙漠侵蚀形式
坡面孤点与泥流混合式	沙土熔岩地面
水沟式	沙土与残留砾石地面
滑坡	岩屑坡
	火山灰土残余物

在所有的侵蚀形式中,"峭壁式"可能是最为独特的了,它指侵蚀形成的20厘米～3米高的陡壁。"侵蚀前缘推进式"是指活动的舌形沙丘面向前扩展,进入有植被生长的区域。随着沙丘前缘的持续推进,沙丘磨蚀掉原地面上的火山灰幔层,使新形成的表面比原始地面低1～2米。推进的前缘锋面对植被构成重大威胁,要知道一年之中可向前推进300米。侵入的沙丘已经使冰岛南部和东北部的大片地区沙漠化,特别是在19世纪后期。"孤点式"是指一块块裸地,如果没有发生侵蚀,这样的裸地本来是长植被的。它通常与冰丘有关,若低洼地区出现"孤点式"侵蚀,则往往是过度放牧的明显标志。"土流"是多数坡地上常见的活动现象,表现形式也最为明显(坡上有突出的部分及平台),如果同时坡面周围多现"孤点式"侵蚀,则边坡发生滑坡的危险大增。"滑坡"是很常见的现象,反映出冰岛火山灰土的稳定性差。

根据地貌和地表的稳定性,将沙漠分成七种侵蚀类型。残留砾石和冰渍土表面通常是火山灰幔层被侵蚀后的地表形式,它也会出现在后退冰川的边缘部位。砾石和冰渍土表面易受风蚀和水蚀以及强烈的冻裂扰动。火山熔岩地面为植被稀疏的全新世熔岩表面,上面没有火山灰土盖层。火山熔岩表面通常是新近形成的(小于1000年),或者是由侵蚀过程形成的剥蚀面。火山熔岩表面本身不发生侵蚀。岩屑坡在山区很常见,许多这样的岩屑坡先前可能是长有植被的,坡面上重力侵蚀和水蚀作用比较活跃。裸沙地面是冰岛的黑色玄武质沙漠沙原在全世界都是独一无二的,成因多为冰河洪泛时冰川洪积物,或在冰川水渗入多孔基岩处遗留在地表的泥沙。有些沙原是风成的,物质来源就在当地。裸沙地面的其他成因还包括火山喷发时的落沙。裸沙地面极不稳定,受风蚀的影响极其严重。Arnalds等人(2001)对冰岛的沙土地区进行过总结性阐述。沙质土材料常常经风蚀的搬运,在各种沙漠地表沉积下来,形成了沙土熔岩地面和沙土与残留砾石地面。

5. 冰岛侵蚀的严重程度

侵蚀的严重程度直接关系到土地利用的决策(见表2)。冰岛农业研究所和土壤保护局发布的政策声明指出:侵蚀严重程度低(0～2级)的地区不受任何限制,但对于侵蚀严重程度等级定为 4 级和 5 级的地区,则认为不适合放牧。等级为 3 级的地区,需要进一步考虑,通常需要治理。如果是沙漠地区,则不应放牧。关于冰岛的沙漠地区不宜放牧的决定,有多个文件进行了详细的解释(Arnalds 与 Barkarsson,2003)。

表 2   农业研究所和土壤保持局发布的侵蚀严重程度等级与土地利用政策

侵蚀等级	对可否放牧的建议
0 无侵蚀	无建议
1 少量	无建议
2 轻微	要小心
3 中等	减少放牧或加强对放牧的管理
4 严重	保护性禁牧
5 非常严重	保护性禁牧

侵蚀等级为"严重"和"非常严重"的地区,在欧洲被视为侵蚀热点地区,面积约占冰岛国土的 17%。"中等"程度(3 级)的侵蚀面积占冰岛国土的 22%,因此侵蚀是个相当大的问题,因为侵蚀程度为 3~5 级的面积占冰岛国土的 40%,如果不算冰岛的冰川、水体和高山地区的面积,则相当于冰岛土地面积的一半了。

6. 冰岛出现沙漠化了吗?

冰岛有沙漠化吗?当然,这取决于如何理解沙漠化。如果将沙漠化视为一种严重的退化,最终导致土地荒芜,不再具有生产力,那么沙漠化就是冰岛的一个主要问题了。"沙漠"这个词的原意是"荒凉的"或"被遗弃的"意思(Arnalds,2000)。有人认为,定义沙漠的气候上的限制因素是非常值得怀疑的,冰岛的条件就是良好的证明。冰岛的沙漠化地区属干旱地区(每年降水量为 400~600 毫米)。但这些地区夏季很短,土壤中的水在一年中的大部分时间处于冰冻状态,而且当有肥沃的火山灰土存在时,就不存在土壤中水分不足的问题,即使是最干旱的地区也是如此。当侵蚀把表层的好土壤剥离之后,即使降雨量大于 1000 毫米,缺水问题也会变得很严重(土壤缺乏保水能力,且黑色的地面容易吸收阳光的热量)。此外,其他不利因素,如土壤表面不稳定,霜冻的破坏性影响等,比缺乏水分更有害,无论气候条件是干燥还是湿润。一个面向整体生态系统的问题思考方法不将导致严重土地退化的影响因素局限于某个单一的因素(如降雨、蒸散发)。

7. 结论

冰岛的土壤侵蚀也许比其他欧洲国家更加活跃,因为冰岛的自然条件,即综合土壤脆弱性、火山活动、强化的土地利用和恶劣的气候条件等因素,与欧洲其他地区比起来差异很大,导致了不同的侵蚀过程和地貌形态。冰岛国家土壤侵蚀评价是专门针对冰岛的具体条件和目标而设计出来的一种符合冰岛国情的方法。这项评估突出了冰岛与大多数欧洲国家的不同国情,对冰岛的侵蚀问题作了详细评估。得出的观点是基于实地调查的成果,而不是基于侵蚀模型或侵蚀风险的模拟计算,也不是仅对冰岛部分地区进行的侵蚀评估。

一项完整的土壤侵蚀评估可引导社会处理问题的思路和措施发生重要的变化。关于问题的性质和程度的辩论已经转向,目前的讨论更侧重于解决方案的制定。冰岛最近朝着可持续的牧场资源的利用已迈出一大步,一部分应归功于侵蚀评估的成果。侵蚀评估项目所用方法现在已成为农田土地评估的常规方法了。

但是侵蚀评估的欠缺不应阻碍制定禁止那些造成水土流失的土地利用方式的法律。法律手段再加上促进旨在提高农民的土地认知和管护水平的土地管护项目或参与式项目,这两个手段对于保障土地的可持续利用同样重要,都要抓好。

参考文献

(1)Aradottir, A. L, and Arnalds, O., 2001. Ecosystem degradation and restoration of birch woodlands in Iceland. In Nordic Mountain Birch Ecosystems. Man and the Biosphere Series 27. Wielgolaski FE (ed). Parthenon Publishing, New York, USA. 293~306.

(2)Arnalds O. (2000a). The Icelandic 'rofabard' soil erosion features. Earth Surface Processes and Landforms 25, 17~28.

(3)Arnalds, O. (2000b). Desertification: an appeal for a broader perspective. In Arnalds, O. and Archer, S. (eds), Rangeland Desertification. Kluwer Academic Press, Dordrecht, the Netherlands. 5~15.

(4)Arnalds, O. and Barkarsson, B. (2003). Soil erosion and land use policy in Iceland in relation to sheep grazing and government subsidies. Environmental Science and Policy 6, 105~113.

(5)Arnalds O. (2004). Volcanic soils of Iceland. Catena 56, 3~10.

(6)Arnalds O, Hallmark, C. T., and Wilding, L. P. 1995. Andisols from four different regions of Iceland. Soil Science Society of America Journal 59, 161~169.

(7)Arnalds O., Gisladottir F. O., and Sigurjonsson, H. (2001). Sandy deserts of Iceland: an overview. Journal of Arid Environments 47, 359~371.

(8)Arnalds, O., Thorarinsdottir, E. F., Metusalemsson, S., Jonsson, A., Gretarsson, E., Arnason, A. (2001). Soil Erosion in Iceland. The Soil Conservation Service and Agricultural Research Institute, Reykjavik, Iceland. Translated from Icelandic version (published in 1997).

(9)LMI. 1993. Digital vegetation index map of Iceland. National Land Survey of Iceland: Akranes, Iceland.

4.2 我们可从这些案例研究中学到什么?

4.2.1 异同之处

我们掌握了如此丰富的案例,其巨大的价值和优越性就是能够使我们从中看到横跨欧洲各国的所有生物地理区存在的异同点以及发展趋势。SCAPE 项目承认在侵蚀影响因素之间存在着根本差异,如美国的案例研究结果可能并不适用于欧洲,农田土壤侵蚀的研究成果也不适用于牧场,反之亦然。在此背景下,应特别注意:①牧场和耕地之间的差异;②区域间的差异;③土地利用的不同;④气候的差异;⑤生态系统的差异;⑥可用资源的差异;⑦社会的差异;⑧行政和立法上的差异。然而,非常有意义的是,我们从研讨会介绍的各种不同的案例中发现了在截然不同的生态区域中却存在着相似的问题,如挪威和

> **文字框 4.1 自然公园**
>
> 在所召开的历次研讨会上我们发现的一个共同点是创建自然公园所带来的积极价值。建立自然公园可以被称为是一个很好的做法,它增强了普罗大众对土壤等重要资源的认识,因为人们常常去公园,享有"一嗅大自然"的乐趣,而且这样做也非常助于提高 土壤保持与保护意识的宣传教育水平。此外,一般而论,这些自然公园所实施的土壤保护和自然保护措施,其长期或短期效益可以评估出来,正如案例研究所显示出来的那样,自然公园大多都取得了积极成效,如物种的再生,生物多样性,土壤有机质含量增加,土质改善,等等。这些影响是多方面的,包括产生了显著的经济效益,增加旅游收入,五渔村自然公园即为其中最突出的例子。

西班牙南部及葡萄牙南部问题的相似性。这些国家的气候有很大的不同,而事实上这些国家分属于不同的生物地理区划,但这并不妨碍它们有着相似或相同的问题。不同的动因对土壤的影响结果是相同的,都导致土壤侵蚀、水华和水污染等。在预防土壤和环境破坏的措施方面,挪威、荷兰的南林堡地区、西班牙和葡萄牙也有很多共同之处。当前人们往往倾向于在环境问题造成很大的破坏时才开始采取行动,最好是要预先评估土地管理制度的重大改变可能造成的损害,并在一开始就同时实施控制措施,这种防微杜渐的做法比问题发展到不可收拾时才开始采取措施在成本上要经济得多。如西班牙和葡萄牙可从挪威的经验教训中学到什么? 我们不是说把解决措施从欧洲的一个地方照搬到另一个地方,而是挪威解决问题的方法思路可以为西班牙和葡萄牙借鉴,找到适应当地社会经济和环境状况的解决

方案。

4.2.2 沙漠化

正如在 SCAPE 项目第三次研讨会上所提出的那样,如果在国家行动计划(NAP)的框架下编制沙漠化地图,那么就摸不准成员国边界地区的沙漠化严重程度(Curfs,2004),西班牙和葡萄牙按各自的国家行动计划编制的沙漠化地图就显示了这一点。各国对沙漠化程度认识上有差异,那么就治理某一个特定地区的沙漠化的战略就不同。当人们看到相似的土地景观因不同国家对沙漠化概念的认识不同而受到不同的对待,沙漠化概念本身就混乱了。最近有些研究小组,如"防治沙漠化连线"(Desertlinks)和"地中海地区沙漠化信息系统"(DISMED),他们采用统一的方法,不把国家边界作为研究界限,因此研究成果显示出沙漠化沿国界的分布更具有连续渐变性。

沙漠化过程是动态变化的,这个动态过程可通过指标来进行衡量和解释。地中海国家制定的防治沙漠化国家行动计划中采用的有关沙漠化指标基本上是相同的,当然也存在不同之处。指标的选择是非常困难的,但为了使沙漠化变得直观并可量测,就必须选择有关指标。过去几十年里所获得的沙漠化防治知识得出了所选取的指标,并证明了所选指标的合理性。但每个国家有自己的文化,倾向于强调某些指标的优先性,结果是不同的国家行动计划选择了不同的指标。然而,通过指标来量测沙漠化为创建沙漠化动态地图提供了方法和工具。指标可以通过测量而取得,且可以根据某一特定过程的变化速度和状态为这个指标设定一个阈值。各项指标的阈值是防治沙漠化的要素之一,当指标超过这个阈值时就认为发生了"不可逆转的"土地沙漠化或土地退化现象。

在 SCAPE 项目工作组沙漠化问题历次讨论会上介绍了全世界防治沙漠化的许多成功战略,之后引发了热烈的讨论,这些讨论内容可从我们的网站(www.scape.org)下载。欧盟以外国家的实例常常令人大开眼界,因为我们可从中看到成功的战略如何落实的,通常这些国家防治沙漠化的历史很长。成功防治沙漠化的战略包括植树造林、排水措施、灌溉和栽培技术等。

4.2.3 积极的反响

如果我们环视周遭,或在打开电视、阅读报章杂志时,我们看到的听到的信息尽是土壤和环境保护方面的负面现象的报道。似乎我们的"大自然母亲"正受到一场接着一场的无情伤害,有时似乎显得无论我们做好做坏都已经于事无补了。因为人类自认为已跨过了生存的门槛,面对这种情况又不免表现出悲观情绪来。出现这种现象的一个原因是我们把注意力都放在宣传问题或解决问题上了,如果我们总结这些研究案例我们会发现对负面案例的注意力大于正面的案例,人类的特性是把积极的事情看成是理所当然的,不去着力发扬光大,反而专注于那些不好的东西。SCAPE 项目的案例研究也展现了一些积极的措施和成果,目的在于向您表明情况并非一无是处。我们当然不是说在水土保持和保护领域没有问题,而是想表明我们应将重点放在积极的措施和成果上,以便将积极的措施推而广之。通过案例研究,SCAPE 项目得以制定出最佳土地管理实践的指导方针和培训手段。土地使用者可以引进土地管理技术,选取可防止土地退化的其他土地利用方式,保护土壤的各种功能。

> **文字框 4.2**
>
> 示范农场:在英国有许多示范农场实施土地保护措施。在这些农场中,向从事传统耕作的农民传授水土保持耕作方式,并把赞成和反对的意见拿出来讨论。这种农场的一个最大的优势在于,农民可以立竿见影地看到结果,有助于把好的做法让农民心悦诚服地接受,也可说服融资机构出资赞助那些创新的好措施。与此同时,农民感切身受到保护土质的重要性,并学会自己怎如何采取行动。换句话说,他们通过参与而置身其中!

第5章 水土保持：结果会怎样呢？

5.1 导言

我们的土壤需要保护吗？欧洲的土壤受到威胁了吗？对土壤的威胁是一个全球性的问题吗？这些都是经常向土壤科学家提出的问题。但欧洲的公众关心土壤吗？欧洲公民认为土壤退化是一个需要考虑的问题吗？如果将来用于生产粮食的土地太少，那么食品的价格会就会像石油或鳕鱼的价格那样上涨吗？这些都是任何社会都关切的关键问题。

科学不仅是寻求满足我们对大自然的好奇心。科学服务于社会，塑造社会，是推动社会变革的动力。自然科学服务社会，帮助我们明智地利用资源，寻找新的方法来管理资源，并确保子孙后代有资源可用，这是"可持续发展"理念的核心。目前，社会依赖土壤科学家塑造我们对全球土壤退化的看法和认识。如果广大平民百姓没有认识到欧洲在遭受土壤退化，那么任何现实中水土保持战略永远不会有可能被认真贯彻执行。

生产所有人的基本需求——食品和衣服的主要的资源就是土壤、水和太阳能。降雨不是我们召之即来，挥之即去的，但我们的行动可以决定如何处理降临到地面上的水。地表肥沃的土壤可以将雨水储存和保存起来，随时满足上面植物的需要。土壤可净化水，防止有毒物质进入我们的饮用水中。此外，土壤自身就是一个有生命活力和动力的资源，它循环并适时地向植物供给养分。用于人类不断要求提高土壤的生产力，目前土壤资源面临着压力；土壤威胁的程度在升高，如前所述的侵蚀、有机质含量下降、污染等。另外值得一提的是，过去生态系统将太阳能转化为化石燃料，满足了今天对能源的需求；当前，将农作物转化为生物能源的产量正快速增长。

我们知道，我们的脚下踏着宝贵的、不可再生的土壤资源，它是我们未来之所系。许多国家都绘制了详细的土壤资源地图，欧盟则洋洋大观地编制了欧洲统一的土壤图，汇集成《欧洲土壤地图集》于2005年出版发表。科学家们知道我们利用土地方式影响着自然资源，针对不同的管理体制如何影响着土壤以及环境的其他组成部分这一问题进行了大量的研究。土壤退化和保护的研究是本身是一门科学领域。但是那又怎么样呢？可以做些什么来发挥这些知识信息的作用，来保证我们的资源不会枯竭呢？

5.2　多种解决方案

自从出现了有组织的水土保持活动之初，人们就寻求维护和改善土壤质量的解决方案。本书前面已介绍了五花八门的方法，有的是把土地使用者组织起来，还有的是采取或简单或复杂的干预措施，等等。为了获得一个总体印象，将一些例子归纳总结如下：

（1）无为而治式：土壤和生态系统可从扰动状态中自我修复，积蓄养分并恢复土壤的功能。如果不加以精心策划，人为的干预措施有可能造成更大的损害。森林大火之后，最好不要扰动或践踏火灾后的土壤，防止对土壤的物理干扰。长期来看，围垦时引入非当地物种会导致生态系统的破坏。

（2）自愿参与式：这是帮助土地使用者对土地的好坏负责、培养他们主人翁意识的一种较好的做法。如此可鼓励他们主动地采取必要的水土保持措施，而不必在法规条文的约束下不得已而为之。

（3）法律法规：通过奖惩手段影响土地利用方法及土地所有者的行为。有关法律可以是专门的水土保持立法的一部分，也可以包含在其他立法中，如水保护法。再者，土壤与生态系统保护法规可以作为整个社会体系中以专项补贴和农村援助的方式支持农业发展的一部分。

有大量的全球性、区域性和全国性政策具有水土保持的功能和意义，要把所有这样的政策都列举出来太过复杂，因为有大量的政策领域还需要进一步探索（Briassoulis，2005；see also Hannam and Boer，2002）。

5.2.1　经济激励手段

经济或财政激励是指奖励土地使用者采取好的资源保护管理措施，而且在许多情况下如果不采取这样的措施就得不到财政补贴等经济资助。当农业高度依赖补贴等公共资源时，这当然是一个极为有效的办法。第3章讲到的可持续发展指数解释了提供经济激励的基本依据。资金还可直接资助实施土地留置政策（将土地从某种特定作物的生产中停下来）或直接改善土地质量的努力。

为改善环境而采用经济激励手段是欧盟农业环境措施的核心

文字框5.1

为实施好的做法打下基础：要确保水土资源的可持续利用，没有简单而又单一的解决方案。为了获得最佳效果，我们认为有必要采用综合的方法。实践证明与农民一起下田是一个非常成功的办法，但仅仅这样做并不能保证取得成效。做好水土保持必须建立在社会法律核心所体现的健全原则的基础之上。

（Mitchell,2004）。奖励资金是通过欧盟的农村发展项目提供的,然后由国家主管部门提供配套资金。国家不同,经济激励措施也有所不同,但基本上奖励以下行动:恢复湿地,提高环境的美学价值,水土保持耕作技术,维护梯田,以及稀有家畜品种的饲养等。奖励资金也用于欧洲南部的沙漠化防治,许多受影响地区正在制定明年(2006 年)的荒漠化防治行动计划。这样可以大大加快区域和地方上的水土保持工作。

5.2.2 立法、补贴、交叉核查与农业环境计划

欧洲并没有一项明确的立法来统管土壤退化和土壤侵蚀的防治。然而,水土保护有关的法规内容可见于其他框架法（Olmeda – Hodge 等,2004）。在许多欧盟国家,治理土壤侵蚀主要以强

> **文字框 5.2**
>
> 交叉核查:如果农民不遵守环保法规,他就有可能被扣掉一些应得补贴以示惩罚。

制性"交叉核查"的经济手段（文字框5.2）以及自愿性的农业环境计划。欧盟国家之间在如何落实这些手段和计划方面做法有所不同。一些成员国提出了旨在保护土壤的明确的环保要求,并采用交叉核查的方法进行核验。大多数农业环境计划旨在采取间接措施减少土壤退化,它们是专为水土保护、加强生物多样性和景观保护而制定的。

许多国家已制定了所谓的《好的农业耕作方式规范》,为水土保持提供指导,并成为制定农业环保计划的基础。也就是说,按照规范的方式进行耕作是起码的要求,只有超出了规范规定的最起码的要求的措施才能得到补贴。农业环保计划中补贴发放的基本思路是补偿农民因采取了环保耕作方式而造成的经济损失。但是,像挪威等一些国家,发放补贴的多少很大程度上要看某块田地的侵蚀风险的大小,而不看农民因采取措施蒙受了多大的经济损失。在侵蚀风险大的土地采取改善土地管理的措施就得到较高的补贴,采用这种补贴方法后挪威的侵蚀率下降很快。

很奇怪为什么没有制定出《好的林业措施规范》。有益于环境的林业措施和方法是现成的,但却没形成像《好的农业耕作方式规范》那样的文件,看来把林业与农业平行、同等对待是很有好处的。

《共同农业政策》（文字框3.7）的初衷是为了发展农业生产,保障粮食安全,但后来发展成所有的欧盟国家一窝蜂地补贴大麦生产,使得农民为了获得短期利益而开垦边际土地的做法在经济上变得划算起来。于是南欧的许多边际草地被辟为农田,造成土壤退化和侵蚀甚至土地撂荒。2003 年修订的《共同农业政策》要求对

每项措施进行环境影响评估。然而,要避免矫枉过正的做法,立法不能与当地的或区域性的发展潜力相矛盾。应当先制定社区一级的立法框架,再在区域和全国层级上制定出实施细则。为了鼓励因地制宜地开展土地管理,应划分出欧洲的农业生态区,按不同的农业生态区给出土地生产力和使用的土地利用方式等信息。农业生态区的划分应依据土质、地形、气候和耕作系统的类型等重要指标,还应考虑当前的土壤和环境条件。对于在高度退化的土地上耕作,无论是欧盟还是其成员国或地方政府都不应提供财政支持。美国和加拿大已经这么做了。

5.2.3 DPSIR 框架

所谓的 DPSIR 框架是指五个要素,即:驱动力(Driving forces)、压力(Pressures),现状(State)、影响(Impacts)和响应(Response),见图 5.1。欧盟环境总司倡导将 DSPIR 作为制定土壤保护政策的工具。尽管 DPSIR 在决策支持上明确地有其有益的一面,但它的缺点是又回到了"自上而下式"的老路上去了,而且很难把它与水土保持的日常需求联系在一起。对这个框架不熟悉的人觉得很难将指标分成 DPSIR 规定的五个不同的类别,而且通常也不必要走完 DPSIR 的全过程,那样的话要花大力气收集过多的数据。还有,根本不可能把结果以指标的形式进行量化。总地来说,这种方法的一个根本局限是,它以抽象且概化的方式来描述问题,针对具体问题不容易具体运用和查验(见 Imeson 的论述,2004)。

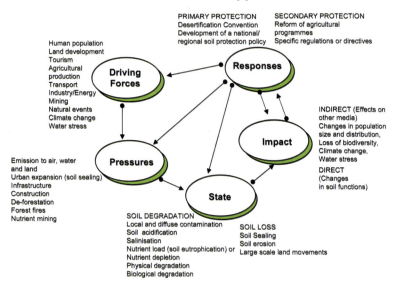

图 5.1 DPSIR 框架

5.2.4　SI 模型

第3章提到的可持续性指标模型,对它稍作调整就可满足制定法律法规框架的需要,只需提供一把尺子来判定什么是好的土地利用方式,什么是必须禁止的土地利用方式即可,而不要去管土地利用的种类或地理条件什么的。利用 SI 值的阈值点就可做到这一点,即设定一个阈值,SI 值在这个阈值之上就说明这种土地利用是不能允许的。该方法对于土地保护与参与式管理也有意义,因为它给出了具体的数值用于比较和权衡新的土地利用方式,易于纳入到欧盟的农业环保措施之中。

5.3　我们的基础牢固吗？

一谈到水土保持的立法,常听到的一句口头禅是"还得多研究研究"。许多人非常关心欧洲国家是否有可能联合制定《水土保持法》,当然这其中也包括建立土地利用与政府补贴之间的关系。那么,到什么时候就我们的研究就足够了呢？答案是永远没有足够的那一天。但是,我们有义务利用我们现阶段掌握的最佳知识。社会对知识的运用的过程是逐步的,并不存在一个设定的终点,抓住当前完成重要的步骤,而把余下的步骤留待未来去完成。对于土壤来说,我们需要:①法律基础和原则。但是我们不需要那种只声明说"我们不应该损害环境或伤害土壤"那样的研究;②维护法律的管理框架。此类管理框架随知识的积累和社会的发展不断完善。

许多人持这样一个观点,即在采取行动之前,应在全欧洲范围内全面进行侵蚀和侵蚀风险的测绘和制图,能这样做更好,不做也不是不行。从长远观点来看,按农场进行土地利用制图是更为重要的举措,同时再根据综合性稍低的航拍数据建立侵蚀情景想定,因此,在整个欧盟范围内不可用单一的方法进行土壤侵蚀以及侵蚀风险的制图,甚至在国家范围内、有时在一个社区范围内都不能采用单一的方法。在评估土壤侵蚀时不存在单一的最佳方法。

还有一个错误的认识是我们可以制定出一部综合性的法律,而且这部法律从颁布的第一天开始就行之有效。但是我们可以制定出简单明了的条例出来,为各成员国和社区奠定继续发展可持续的土地利用的基础。在条例中加入财政补贴的内容是复杂了一点,但可是逐步进行。

我们既需要简明性又需要综合姓。简明性可帮助科技人员和政策制定者在指导我们行动的知识和客观事实与具有不确定性的我们的主观认识之间作出明确的区隔和界定。一旦由跨学科的专家组通过协商对二者作出了界定,那么就可将这个划定的界限植入所有有关的知识领域中。

5.4 法律法规方面的进展

5.4.1 农学与生态学的理论模式对比

生产农产品的土壤环境千差万别,气候、地貌景观、植被以及土壤因地而异,处处不同。而且,不同的地方自然资源对农业耕作的反应方式不同。这意味着农业生产可自然地导致地表景观的异化,因为不同地区对农业耕作带来的压力和影响的反应不同。这种对土地利用不同的反应要求我们采取因地制宜的治理措施解决土地利用的问题。

"理论模式"的概念常指某个特定学科中的背景知识或积累的知识,我们一般把它理解为知识。随着某学科知识的逐步积累,其理论模式也随时间而发展。土壤侵蚀方面的探讨有时夹在两个学科之间,如果不加注意就很难得出答案。一种理论是采用"建模"的方法(如:吨/公顷·年),并用建模法解决所有的问题(如农学家喜欢用产量响应曲线);第二种理论是把土壤与生态系统的其他要素区分开来。这两种理论模式都属传统农学的范畴,代表着对土壤认识的"农学中心论"的观点。

土壤科学的"农学中心论"观点的历史悠久,这是可以理解的,因为粮食生产一直是世界上最大的产业,并且一直是支撑社会的基础。然而,这种理论模式已经成为我们广义理解土壤的障碍。以农学以外的观点看,只把土壤当作对象来保护是值得商榷的,因为有价值的生态服务是整个生态系统提供的,土壤只是作为生态系统的一个组成部分,这样理解更为合理。在保护土壤和环境时要打破"农学中心论"设定的条条框框。

5.4.2 法律、国家政策与法令

法律法规需要进行仔细论证,且应反映社会的需要。法律条文应尽可能地简单明了,以便于遵照施行。法是为人而立订的,理想的法律条文不应该是晦涩难懂的,好像只有律师和官僚才能辩论一下,我们知道这种情况太常见了。如此来看,在法律法规中涉及水土保持的内容并不是一件容易的事。我们在古希腊和古罗马的法律中找到了有关水土保持的内容,中古早期冰岛的法律中也有与自然资源保护有关的文字。但是从当前的情况来看,法律条文趋于复杂化而非简明化。通过管理确保土地的可持续利用本身已成为科学上的一个领域。我们不是想让读者对这样的思考感到厌倦,而是探讨其他值得多加思考的方案。

水土保持的历史昭示我们制定有效地水土保持政策的动因是什么(Arnold,2004)。人民群众的大多数应认同保护土壤和土地资源的必要性,这样立法者才能相应地采取行动。世界上一些国家在过去的几年中已制定出国家级的水土保持政

策（Hannam 与 Boer，2002）。美国于 1935 年颁布的《美利坚合众国水土保持法》及其修正案对其他国家的立法影响最大。在以下的几节里，我们将简要回顾《美利坚合众国水土保持法》、德国联邦《水土保持法》，以及英国的水土保持行动计划等几个国家的水土保持政策。

《美利坚合众国水土保持法》

1935 年美国颁布的《土壤保护与国内农作物种植分配法案》对全世界的水土保持战略产生了深远的影响。一般把它理解为美国面对中西部地区（戏称为美国的"沙盆"，见第 1 章的有关描述）土壤退化的严重威胁在立法上作出的反应。1930 年代美国的大平原地区发生了严重干旱和土壤侵蚀事件，当时人们马上意识到这是一个问题，尽管这个问题已酝酿了几十年的时间了。该水土保持法是在1930 年代美国大萧条时期起草和制定的，所有它一手抓水土保持，另一手抓创造工作机会，促进经济发展。

该法案的一个支柱就是在农业部内成立土壤保护局（或称为水土保持局—译者注）来处理美国全国的土壤侵蚀问题，该机构迅速发展，无论在美国还是在全世界都独占鳌头。《美利坚合众国水土保持法》的一个成功因素是注重发挥当地社区的关键性作用。

美国水土保持局通过各州的水土保持处为防治水土流失提供技术支持。水土保持处设在州政府，职责是帮助农村土地所有者管理自己的土地和水资源。其最为突出的成就之一是：尽管北美存在着多样性的文化，水土保持处很早就证明了自愿基础上的参与式项目是多么富有成效。一套大型的监测系统，即国家资源评估系统，已建成运行，为指导未来政策的完善提供更多的信息支持。更为人称道的是人与人之间的交流与协调和对自然资源的精心管护。农村地区的土地私有者也能就其土地利用和管理问题获得咨询意见。

1996 年美国的农场法案对《水土保持法》进行了修改，并将水土保持局更名为自然资源保护局（NRCS）。

《美利坚合众国水土保持法》的主要局限性在于它只着眼于土壤侵蚀这一种威胁，显得有些狭隘。现代土壤保护的理念考虑与生态系统功能有关的土壤的多功能性，而不光是把土壤当成生产粮食和棉花的工具。《美利坚合众国水土保持法》给人的其他一些启示是：①只有通过利益相关方的广泛参与才能取得水土保持的最好效果；②健全的水土保持战略需要坚实的法律和科技基础，还要建立向利益相关者传授知识经验的渠道；③为长期持续进行水土保持工作所必须的经费支持。

《德意志联邦共和国水土保持法》

时间上距今比较近的水土保持立法是《德意志联邦共和国水土保持法》（1998

年)。它很可能是欧盟成员国中综合性最强的水土保持立法了,也是引发欧盟走向制定水土保持专题战略的关键因素之一。

与《美利坚合众国水土保持法》相比,它的一个主要区别就是纳入了土壤的多功能性。该法案的目的在于可持续地保护或恢复土壤的多种功能,包括防止土壤发生不利的变化;恢复土壤、受污染的土地以及土壤污染影响到的水体;预防对土壤的不利影响。应禁止一切妨碍土壤的自然功能以及土壤作为自然历史和文化历史载体功能的行为。

该法案考虑到土壤的三类功能:

(1)自然功能:①作为人类、动植物和土壤微生物的生命基础及栖息地;②作为自然系统的一个组成部分,特别是其循环水分和养分的功能;③作为物质分解的媒介以及地下水的过滤、缓冲保护作用。

(2)作为自然历史和文化历史载体的功能。

(3)服务人类的功能:①作为贮存原材料的仓库;②提供居住区和休闲娱乐区;③农业和林业用地;④其他经济与公共用地,如交通、物资供应和废物处理。

对土壤这些功能的认识反映出该法案的目的是为了把土壤像空气和水一样作为一种环境资源加以保护。这与以往的政策相比是一个根本上的转变,鉴于以往的政策目标几乎都面向保护土壤的单一功能,如农业生产。

该法案的另一个基本要素是引入了土地所有者对损害土壤承担责任这一原则,为处理土壤退化的非现地影响评估所涉及的方方面面问题开辟了道路,因为在有些情况下非现地影响会比较严重,如地下水污染、泥石流和洪水灾害等。"污染者付费"是该法案坚持的一条重要原则。为预防灾害而承担义务,这方面是前述的《美利坚合众国水土保持法》所不具备的,在这个意义上,德国的这部法律比《美利坚合众国水土保持法》更具有规定性,其中用很大的篇幅说明限制性指标、义务、经济价值、要求、条令、调查取证等,最后给出了经济赔偿和罚金的定额。该法案主要集中在土壤污染问题,尤其是某块土地的污染。有些条款是针对土壤固封问题和好的农业耕作方式的,涉及土壤侵蚀、土壤压实板结、土壤生物多样性和土壤有机物。

英国的水土保持行动计划

欧洲国家水土保持政策的又一个实例是英国2004年宣布实施的《水土保持行动计划》,规定政府和有关各方有义务致力于改善水土保持和管理的行动,不管土地作何种用途。该《行动计划》是在2001年编制完成的咨询报告《土壤战略草案》的基础上发展而成的,以英国环境署发布的《土壤状况报告》作为补充。

行动计划为其后三年拟订了一个雄心勃勃的工作计划,为英国的土壤及其利用勾画出一个明晰的愿景。制定此种行动计划只是第一步,接下来要开展计划的落实和立法工作。首个行动计划的目标是尽可能多地将土壤保护纳入到现行的工作当中,进一步搜集资料,在政府内外取得共识并建立协作关系,为以后的行动奠定基础。

该"行动计划"罗列了52个行动措施,针对的问题包括土壤管理、土壤与生物多样性、污染、文化遗产的保护、地表景观的保护等。为这些行动排定了2004—2006时段的时间表,详细给出了关键节点以及预期的成果。它们是基于这样一种认识,即水土保持问题横跨多个政策流域,在这些政策领域中立法工具已经生效。通过水土保持领域相关方的积极参与,可达成部门之间的协同,从而使土壤行动计划在英国成为简化理顺不同部门的各种程序和政策、努力实现土壤资源可持续利用的共同目标的首例。

5.4.3　区域性政策

水土保持是一个跨国界问题,基于这种认识,人们已尝试制定水土保持的国际性法律框架(Hannam 与 Boer, 2002)。在欧洲,一个区域性同时也是国际间的法律框架就是《阿尔卑斯山公约》。

欧洲的阿尔卑斯山代表着最为敏感的生态系统,其特点是山高坡陡,地表为未经固结的冰川沉积物,气候条件严酷恶劣。山区受外来影响越来越严重,大量的游客涌入给生态环境造成严重损害。"阿尔卑斯山区是欧洲最大的互联性自然区域之一,由其独特且多样的自然、历史和文化,它是欧洲心脏地区的人民居住和从事经济、文化和休闲活动极佳的场所。"在这种背景情况下,在1989年召开了首届阿尔卑斯山区国家环境部长会议之后随即达成了阿尔卑斯山公约》。公约的成员有德国、法国、意大利、斯洛文尼亚、列支敦士登、奥地利、瑞士和欧共体(见图5.2)。

图 5.2　《阿尔卑斯山公约》覆盖的地理区域

《阿尔卑斯山公约》规定"签约各方应特别在以下领域采取适当措施:人口与文化、地区规划、清洁空气、水土保持、水利经济、自然保护与景观维护、山区农业、山区林业、旅游休闲业、交通、能源、废物管理等。"

土壤是山区生态系统重要的组成部分,特别是对于水和养分的循环来说。土壤构成了农业的基础,林业与家禽家畜的饲养以及旅游、休闲活动也离不开土壤。SCAPE 项目下的奥地利案例研究(见第 4 章,案例研究之六)也证明土壤在保护人民免遭自然灾害方面的重要性。因此,要大力促进水土保持以及土地资源的可持续利用,同时考虑山区土壤对退化与扰动影响的敏感性。

《阿尔卑斯山公约》从生态系统的角度出发看问题,认识到阿尔卑斯山地区的生态多样性和生态系统的高度敏感性,认为其生态功能必须加以保护。《公约》的主要目标是通过运用适当的、对土壤无害的农业和林业土地利用方法,在质与量两种意义上减小对土壤的损害。它提倡不扰动土壤,防治土壤侵蚀,防止土壤固封,恢复土壤的功能。公约将土壤的功能确定为自然功能、文化功能和土地利用功能,强调这些功能应得到保护以维持该地区生态系统的平衡,造福子孙。

5.4.4 全球性政策

土壤退化的范围不会限于一国的境内,而是一个跨国界的全球性问题。土壤侵蚀、污染、洪水和滑坡都会跨越国界线。土地退化显著地影响着全球的社会经济条件,同时由于土壤、植被和大气之间的二氧化碳循环,土壤退化也影响着气候。土壤中贮存着地球上最大数量的碳,仅这一事实就让人浮想联翩。至于社会经济影响方面,特别是在发展中国家,土壤退化可触发大规模的人口迁移现象。甚至土壤退化与 WTO 的谈判也扯得上关系,人们推测如果某些地区遭受土壤退化,可能会间接导致农产品市场的价格扭曲(Lahmar et al. , 2002)。

全球和各大洲水土保持的努力不乏其例,例如,1972 年欧洲理事会发布的《土壤宪章》(参见 Hurni and Meyer, 2002),1982 年联合国粮农组织发表的《世界土壤宪章》,以及 1982 年联合国环境署发表的《世界土壤政策》。后两例是为了鼓励国际社会就合理利用土壤资源开展国际合作。联合国环境署发布的《制定国家土壤政策的环境导则》为世界各国设定了制定土壤政策的程序步骤,贯穿其中的主线是土地的可持续利用。

在 1992 年里约热内卢地球峰会上,国际社会达成共识,齐心协力促进可持续发展,通过了《21 世纪议程框架》。之后达成了数个国际公约,包括《联合国气候变化框架公约》,其中强调陆地生态系统作为温室气体贮藏库的重要意义,认识到土地退化问题及土地利用的改变加剧了温室气体向大气的排放。1997 年达成的《京都议定书》倡导可持续发展,呼吁制定政策措施保护并加强温室气体的贮藏库(如土壤)。《联合国生物多样性公约》(CBD,1992)提出保护生物多样性,鼓励生物资源的可持续利用。《联合国生物多样性公约》的根本关切在于，土壤与土地管理等人类活动正显著地减少着生物的多样性。我们应当认识到，土壤里的生物多样性比地面上的生物多样性要丰富得多。1994年发布的《联合国防治沙漠化公约》旨在预防干旱和半干旱地区的土地退化，治理半退化的土地，挽救沙漠化了的土地，这一倡议通过国际合作和国际协议在行动上得到积极响应。

在过去的几年中，已制定出有关计划来评估是否需要达成一个全球性的土壤公约（参见 Hurni and Meyer，2002），20世纪90年代后期，联合国体制之外的社会对水土保持问题的关注大多数通过非政府组织来表达，如德国的 Tutzing 计划于1998年7月起草了一份土壤公约草案。

丹麦食品、农业与渔业部（Wynen，2002）发表了一份全球水土保持措施方案分析报告，分析研究的结果认为当前的一些联合国公约所取得的全球水土保持成效甚微，还得出结论说，即使拟订新的水土保持公约也不是解决办法，问题出在联合国公约的落实上面。报告建议了两种方案：一是对现有公约进行扩展，使之以更明确的语言处理水土保持问题，并制定行为准则和规范；二是设计基础性的体制安排，鼓励自觉采取的水土保持措施，这样会更现实可行。这种基础性安排可通过创设政府间土地与土壤工作组，利用坚实的科技基础，就像气候变化公约政府间工作组那样。报告的末尾是作出的结论，即"世界土壤议程"（Hurni and Meyer，2002）。

SCAPE 项目在冰岛召开的研讨会上就国际法规措施进行了探讨，结论是："对世界土壤的脆弱性、土壤发挥的基础性功能、为社会福祉而改善土壤保护的必要性以及土壤的内在价值存在着认识不足的问题。需要制定新的政策和激励手段，运用现有的知识，制定新的国家法律或加强现有的国家法律，以及加强国际合作，以减少水土流失和土地退化。""迫切需要制定全球、区域、国家及当地各级行动计划，解决水土保持和可持续利用问题，该行动计划将有助于实现1990年《千年宣言》、1992年世界可持续发展峰会、国际生物多样性公约、气候变化公约和防治沙漠化公约中所达成的可持续发展的全球性目标。"《塞尔福斯声明》中对下步工作给出了进一步的建议（参见 www.scape.org）。

5.4.5 欧盟

欧盟早已意识到了保护其成员国的土壤资源的必要性。在欧盟专门保护水的法规——《水框架指令》中，限制那些对宝贵的水资源造成污染的活动，这种限制也影响着我们对土壤的利用方式，所以说《水框架指令》间接地涉及土壤。但最近，欧盟在专门水土保持的立法方面也取得了很大进展。

欧盟土壤通报：欧洲土壤保护的专题战略

欧洲人一般不重视土壤，尤其是因为欧洲生活在农村地区的农业人口占总人口的比例很小，只有农民才每天与土壤直接打交道，靠土地过活。大多数城市人口对土壤的功能了解有限。然而在过去的 2～3 年里,以协调一致的方式保护土壤的需求已经列入欧洲的政治议程,水土保持成为欧洲共同体在第六个环境行动计划中将要制定的专题战略之一。

第 1 章已经介绍,欧洲委员会在向欧洲理事会和议会的一份通报中指明了在全欧洲范围内统一开展土壤保护的道路,这篇通报题为"为制定土壤保护专题战略"(欧洲委员会,2002)。这在欧盟引发了关于欧盟层次上所要采取的水土保持基本原则的辩论。

首先第一个问题是:"我们是否需要在欧盟层次上采取统一的水土保持战略,还是像目前那样让各成员国或地方当局各行其是?"通报中明确地提出了几个需要在欧盟层次上加以解决的问题,如土壤保护的跨国界性以及整个欧盟需要同等地对待水土保持问题,等等。此外,土壤退化具有严重的非现地影响,不可避免地要制定超越国境的水土保持战略。

该通报利用了设计土壤保护立法方面许多创新性的概念,把承认土壤的多功能性放在立法过程的核心位置。这对整个立法进程有着广泛而深远的影响,因为它把水土保持从一个仅与农业生产相关的单一功能的视角转变为更宽泛的环境和社会范畴。因此,土壤保护成为一个横向跨行业的问题,涉及诸多现有的欧盟政策,如共同农业政策(CAP)、水政策(水框架指令)、自然保护(栖息地指令,自然保护区网络 2000)、林业、区域政策与发展政策,等等。

关于未来欧盟水土保持战略的辩论,2003—2004 年期间在欧洲委员会的组织下,广大利益相关者参加了讨论和磋商。作为辩论和磋商的成果,五个技术工作组全面收集基础文件资料,汇编成集,这五个技术小组分别负责监测、侵蚀、有机质、污染和科研。这些文件资料将作为起草《土壤框架指令》的基础,预计第一稿可于 2005 年底提交。

欧盟水土保持战略建立在土壤的重要功能受到土壤严重退化进程的威胁这个基本认识的基础之上。迄今为止,已查明的主要土壤威胁包括土壤侵蚀、有机质含量下降、土壤生物多样性丧失、土壤污染、盐碱化、土壤板结、土壤固封以及严重的水文与地质风险(洪水和山崩)等。

有些威胁需要特别的应对措施:①土壤污染治理需要考虑到现有的受污染场地数量庞大,在欧盟国家中数以百万计,因此应对当地情况进行逐案分析,因地制宜地采取治理措施。②土壤固封的治理应由国家和地方行政主管部门负责,因为空间规划的权力已下放至当地社区。③治理土壤生物多样性的丧失将需要更详细地了解土壤生物区系的知识,然后再行动,因为人们对土壤生物区系的了解十分有限,在这方面应进一步开展土壤科研。不过,众所周知有机土壤含量丰富的土壤比贫瘠的土壤含有更多的生物物种,因此水土保持对于增加土壤生物多样性有着立竿见影的效果。④洪水是欧洲的主要自然灾害,已经有专门的预防和减灾战略予以应对。

一个高效的土壤信息系统可回答决策者提出的问题,它对于水土保持政策的落实尤为重要。欧洲不缺土壤信息,但是这些信息散布在很多不同的机构,有各国的机构也有欧盟的机构。欧盟提出的一项有关统合土壤监测作业的建议将解决这一资料分散的问题。建议的解决方案应考虑到现有的土壤信息系统,应确定一个框架,在整个欧盟范围内以统一的方式实现土壤数据的交换。

从长远来看,有了制定政策所需的土壤资料,就会提高措施落实的效率,为欧洲的可持续发展保护好土壤。

5.5 经济激励：有效的新手段

把土地利用方式与农业补贴相关联的做法似乎很成问题,它需要一个庞杂的官僚体系来付诸实施。虽然各级政府人员都需要加强其专业性,但的确有一些相当简单易行的间接措施可用。在某一特定的农业生产方式对某种土壤类型和土地景观的影响方面,已做出了一些研究成果(如陡坡沙地上种植小麦)。此外,可利用土壤和景观制图的手段评估某种农业生产方式的风险和可持续性,同时可精确锁定问题地区。但是,必须指出《21世纪议程》的理念是让地方基层部门尽可能多地担负起工作责任(即自下而上的方法)。为此,面向农村环境发展的部分资金可能会转移到基层。

补贴不是私人的事,补贴是由全体公众按照社会与生产者达成的协议而发放的。因此,所有的有关补贴的信息都应该是公开的,从补贴的笼统概况到花在每个农民身上的开支都不例外。补贴具有多重目的,且这些目的也不是一成不变的,是维持农村生计的一种办法。补贴的重要性还体现在鼓励某些土地利用模式,提供粮食安全、保护土地景观。补贴可以加强土壤的保护,补贴政策的落实应置于农业补贴体系有效、透明的监督之下。

欧盟已经采用经济激励手段以改善欧洲的土壤利用。最近完成了对欧盟共同农业政策(CAP)的中期审查,进一步明确了哪些好的农业措施(包括水土保持措施)应该纳入强制性措施清单中,将对照环保目标进行交叉核查。2003年9月29日发布的欧盟理

> **文字框 5.3 胡萝卜还是大棒？**
>
> 规章、法律、经济激励和罚款如同一枚硬币的两面。经济激励措施规定了土地利用必须满足的条件,它取决于社会希望如何利用资源。社会的愿望应体现在法律和法规当中。

事会条例(EC, No. 1782/2003)已确认了应通过好的农业措施解决的主要问题,包括土壤侵蚀、土壤有机质降低和土壤物理退化。欧盟成员国将负责在各自的国家

层次上实施这些措施。

将土地利用方式与补贴捆绑在一起的做法之所以有问题,原因是它假定欧洲每一个农场都要由欧盟出面核查(即自上而下式)。这个局面可以扭转。研究成果和风险评估结果可用来查明问题的区域,以便我们集中精力解决。一些地区,经当地专家查证后确认需要发放补贴款。那么地方机构、社区应负责补贴的发放工作(自下而上式)。这种方法极大地促进了当地社区对土地知识的了解。

仅有经济激励手段是不够的:需要构建坚实的法律基础。如果对环境问题的关心完全依赖于经济上的奖励,那么这种做法对于那些完全由市场驱动、得不到补贴的生产方式来说一点都没有约束力。这是我们除经济激励和参与式手段之外还需要法律和法规手段的又一个原因。

5.5.1　求变但也要留出时间

新的欧洲水土保持政策要想取得成功,不能急于求成、草率行事,这一点是至关重要的。要留出一定的宽限期,让人们转为实行有利于土壤和自然保护的土地利用方式,即所谓的"日落计划"。这种做法理由是:①如果土地的管理需要改善,那么就要给土地所有者 2～10 年的时间让他去实现。但是他必须提供实施方案且通过审核。②如果土地利用方式完全错误,土地利用无法持续了(如严重退化的地区),虽然这块土地被撂荒,但在规定的时段内它还具有获得补贴的权利。或者,给土地所有者 7～10 年的时间退耕,同时要他尽量减少对土地的影响(提交一份与当地机构一起制定的退耕计划)。

"宽限期"与所有权和市场性质的变化息息相关。我们知道,如果某种生产处于"宽限期"内,那么"宽限期"之后该生产就没有什么价值了,如此一来,它就无法出售,因生产的换代土地受补贴的权利也不会再延续下去。但在宽限期内农民当前的生活不成问题,可计划着转产,也可体面地退休(即"日落"),这样就减小了对农村社区的负面影响;发生改变的过程虽然是缓慢的,但大方向是正确的,这对于改变土地利用来说非常重要。退出农业生产的土地可服务于其他用途,如自然保护、景观和旅游开发等。

5.5.2　农业与环境的联姻

欧盟和美国正通过在新的法规中加入环保条款使农业生产与农场补贴制度脱钩。也有人争议说,欧盟和美国加入环保条款是为了确保继续向农民提供财政补贴,但是国际上的发展方向是限制对农业的直接补贴。

欧盟和美国正在实施其扩大农业环保项目的计划。欧盟于 2003 年 6 月开始的农业政策改革加强了《欧盟共同农业政策》对农业与环境相互影响关系的重视程度,其做法是将部分资金从支持农民转为支持环保项目,并实施强制性的交叉核查。在美国,国会于 2002 年春通过的农业法案含有新制定的保护与安全计划,其中引入了"绿色资金"的形式。该资金用于改善农业生产的环保绩效,同时较之于传统的商品生产,这笔资金也为农业增收提供了另一个收入来源。

由于发达国家环境运动的影响力越来越大,通过重新包装,让农业补贴方案披上"绿光"可能在政治上更受欢迎。让农业项目具有提供环保服务的功能,这可能成为未来继续给农业提供补贴的主要理由。如果新的世贸组织贸易谈判会达成协议,要求进一步消除因国内补贴而造成的贸易扭曲,那么国家补贴就必须从那些受限的项目退出,转为补贴那些享受豁免的项目,如农业环保项目,它是被世贸组织放进"绿色保险箱"中的绿色措施。如果要满足 WTO 规定的对绿色措施补贴的标准要求,那么就需要对价格和收入支持计划作实质性的改动,而不是装点一下门面而已。

对于欧洲和北美农村地区人口来说,保护其脆弱的自然资源可以视为双赢。是否有人为此付出代价? 答案是肯定的。消费者发现自己在为多余的或不必要的"保护或管理"买单,这种虚张声势的"保护或管理"不是真地为了保护环境,而是创造一种为某些政治团体摇旗呐喊的机制。政策需要具有明确设定的目标,要公开、有效、公正。政策不能只是为了分配资金。资源能用于更为可持续发展的活动上吗? 对发展中国家的影响又如何呢?

在对政策进行变革时,一个非常重要的要求是必须充分了解有关机构在设计、执行和影响监测方面的资源和能力。为此,培训计划是必不可少的。

第6章 欧洲水土保持——任重道远

6.1 欧洲的问题

6.1.1 问题出在什么地方？ 如何解决？

土壤战略所采用的办法需要综合土地利用规划(包括风险或危险性区划)、限制标准(如有毒化学物质含量的限制标准)、含盐量、土壤有机质含量或土壤的可蚀性等。我们的感觉是,由于这些原因,主管机构应首先着手确定潜在的风险区,然后再来研究需要哪些指标。

看来首先应根据受影响地区的敏感性大小和风险后果的严重程度对落实水土保持措施的轻重缓急进行排序。我们知道,湿地和不稳定的河漫滩这样的地方比较敏感,也非常重要。然而,在具体解决土壤威胁问题时,SCAPE 项目发现,真正不可或缺的是对基本过程和原因的掌握。注重过程和原因永远是我们解决问题的主要策略。有时可适当进行分区,但要根据当时的情况做到随机应变、因势利导。如果还没有充分弄清原因,就要再做些研究,且保持审慎的态度。如果所制定的法规条令忽视过程,一味地沿袭命令和控制的方式,那么实践已经证明这样的法规条令是病态的。虽然数据和指标是必须的,但是如果掌握在把握不住问题实质的人手里,结果会是危险的(Holling 和 Meffe,1996)。

我们的研究结论是,虽然有一些地区比其他地区更为敏感,即使是最敏感的地区也不存在没有缘由的风险。土地景观总是在某些关键时刻发生着热点问题。我们的战略应该考虑到,由于人们对遭受的影响而采取反制措施,风险的性质随时间的发展也在发生着变化。土壤侵蚀触发了有关政策的出台(如启动土地整理项目或促进土地利用的变化,改变了土壤和河道的缓冲能力)。我们发现欧洲不同地区在土壤威胁类型及其应对方法两个方面有很多相似之处,而且总是既有共性又有个性。规划人员应更好地了解土地和景观系统对中长期演化过程的适应方式,因而对规划人员的素质提出了新的标准要求。规划人员要管理或应对的威胁,其触发原因往往可追溯到几十年前,而且因地而异。在这方面规划人员可借助现代遥感技术。

对于农田和林地,可对每块田地和坡地量身定制保护措施,以便利用土壤的自然生成过程。例如,每个地块都有其特定的保护目标,在评估绩效时可利用打分卡。

　　隐约感到欧盟当前的策略是利用过去造成问题的动因反过来作为对付这些问题的手段,这似乎是交叉核查和管护政策背后的意图。如果将水土保持和保护纳入到农业和区域规划之中,那么过去曾导致了许多问题的经济力量则成为现在解决问题的方案了,这也许是非常有效的办法。为了做到这一点,需要制定相应的法规,并成立责任机构负责协调和监督。

6.1.2　成立欧洲水土保持机构

　　目前的现状与水土保持以满足可持续土地利用的目标之间还存在着差距,这是个重要的问题。欧洲负责水土保持的机构应加强教育培训、监测、归档和科研方面协调。如果将花在区域发展和农业水土保护活动的钱拨出一小部分用于支持这样一个协调机构的话,必然非常见效,将大大提高工作实效,防止政策走偏。

　　具有水土保持科学和实际经验的专家要做长期投身于这项工作的准备,水土保持工作是一项长期的承担项目,如造林项目,往往要经过几十年的不懈努力才能见效。如果只是一个临时性部门或机构负责水土保持工作,不知何时就被撤销了,或者经费时断时续没有保障,那么就会造成极大的浪费。

　　如果一个组织机构已组建起来并运作了一段时间,它的一个优势就是对过去发生的一切记忆犹新,并具有预测问题的能力。复杂的土地利用规划决策应当讲科学,而且是不同学科交叉的成果(Briassoulis,2005)。应将水土保持放在一个总体战略的大背景中,总体战略涵盖所有的"系统和部门"。新西兰提供了如何实现这一目标的实例(Grinlinton,2002 and 2005)。而欧洲在欧盟层次上颁布了各种不同的指令,同时其成员国传统上具有各自的法律体系,欧洲要想达成一个满足所有人民期望的法律指令还有很长的路要走,并且必须建立一个专门的协调机构作为水土保持工作的组织保障。

　　向大众解释宣传土壤面临的威胁的活动也需要有人协调。如果中间没有协调,人们口径不一,各说各话,浪费人力物力。如果成立了水土保持机构,那么它将负责向利益相关者提供所需的知识和数据。这方面美国为我们提供了一个示范:美国环境保护署(EPA)既有科学战略,又制定了明确的行动计划。几年前,流域生态学和风险管理的概念开始深入人心,在美国每个人都可以看到不同的问题和不同的过程在根源上是如何相互联系的。民众学会了判断土地利用和其他政策的影响。美国把大量数据和信息免费提供给任何需要它的人。对比之下,欧洲仅一些国家才拥有有效的监测系统,差别真是太大了。与美国及其他国家相比,欧洲处于一个巨大的隐性竞争劣势之下,主要是由于缺乏这方面的协调。把美国环境署和自然资源保护局的土质数据与欧洲网站的数据一比较,我们的差距之大令人汗颜。那么,究竟什么时候欧洲才能知耻后勇、迎头赶上呢?

(1)葡萄牙的故事。

葡萄牙正在发生和发展着的悲剧性事件说明需要建立另一种类型的土壤保护机构,罗舒(Roxo,2005)在布鲁塞尔举行的一次荒漠化会议上介绍说。这件事发生在阿连特茹的半干旱地区,这里传统上以饲养绵羊、山羊和猪以及种植小麦为主。2005年8月,大量奶牛开始出现在田间地头及围栏里。这是怎么回事呢? 噢,原来一项新的补贴政策开始生效了。

奶牛很快啃光了地面上所有的植被,完全将土壤裸露在光天化日之下,土地顿时呈现出一片沙漠景象(见图6.1)。该地区水量太少,自然条件根本不适合养牛,也没有天然草场。根据联合国防治沙漠化公约国家行动计划,该地区被划为受沙漠化威胁的地区。这个故事在布鲁塞尔一讲,为养奶牛提供补贴的部门的人说不是他们的责任,他们只是给了钱而已,要是追究责任的话也是"该地区的责任"。那么联合国防治沙漠化公约被扔到哪里去了?

话又说回到阿连特茹地区,或者回到里斯本,如果做事情有一点组织观念的话,就不会发生上述的情况了。当地的情况是,如果有一笔钱可供使用,则皆大欢喜,"至于用这笔钱做什么事,则无人过问"。罗舒(Roxo,2005)解释说,当时没有任何机构给出建议,当地的人个人主义相当严重,如果看到有什么有利可图的事情,则不顾一切地去逐利,他们的眼中只有利益而没

图6.1 由于实施了对奶牛饲养的补贴新政策,葡萄牙阿连特茹地区遭受着土地退化

有对错。如果及时发现了问题,那么政府也不会装聋作哑地发放这笔钱了。在您读到这个故事的时候,葡萄牙未来之所系的土壤已变得光秃秃的了,变得就像由葡萄牙治下的一个名为Dodo的荒岛一样。土壤正流入瓜迪亚纳河上的水库里,而欧盟为治理瓜迪亚纳河已投入了数十亿欧元的资金。目前,在米兰附近的欧盟联合研究中心,欧共体通过卫星观测到葡萄牙的沙漠化正在加速气候变化的进程,但是人们却对此无动于衷。沙漠化会使该地区的夏天变得更热,更干旱,这将进一步加剧

区域性气候变化和沙漠化。

（2）管护。

不应给养羊或养牛提供补贴，而是将补贴提供给那些有益于水土保持的"管护"行动。这是大家都认可的战略，但也并非一点风险都没有。消除了过度放牧的风险之后，但又可能出现"过度保护"的风险。在世界很多地方，景观和土壤的功能却因技术或水土保持项目预算充足的原因遭到了破坏。非洲用推土机修筑的水土保持梯田，其一半以上是不必要修的。财政补贴导致了大量使用机械化修建梯田，反而加重了水土流失，原因是机械化施工破坏了土壤结构，并压实了土壤。自相矛盾的是，正当农民废弃梯田的时候，一些公立

> **未来的欧洲水土保持机构的职责**
> - 协调指导水土保持知识的交流
> - 制定最佳实践的导则，指导影响评价、碳汇、生物多样性、防洪等
> - 支持专项和综合性的立法
> - 为农业和农村发展提供培训，运用有关指标
> - 为土地退化地区制定落实联合国防治沙漠化公约国家行动计划的导则提供支持
> - 为交叉核查与农业环保计划的绩效监测提供服务
> - 拟订评价机制和评价标准（如打分卡），以保护土壤功能，防止补贴政策和市场驱动力误伤土壤的情况发生

的机构和企业却用公共资金修建梯田，什么作物能得到补贴就种植什么。回顾第4章中的案例研究以及其他地方出现的情况，问题不只是所花的钱对土壤产生的影响，问题还包括花钱的方案没有置于监控之下，也无法保证这些钱花出去是去做一些有益的东西，这几乎就等于没有人管理也没有人评价大笔资金花掉后对土壤产生的后果。只要人们得到了足够的现金补贴，他们就心满意足了。从这里可以看出欧洲成立水土保持机构是当务之急。

欧洲水土保持机构可以给国家和地方当局提供方向性指导。在提供支持的时候要坚持由基层主导的权利下放式原则，这意味着将由地方当局决定所采取的水土保持措施。对于像意大利那样高度发达且组织制度完善的国家来说不成问题，但对于其他一些组织不健全，又没有制定复杂的综合性计划经验的国家来说，问题还是很多的。

6.1.3　宣传教育

"我们的技术文章的阅读范围仅限于专家构成的小圈子，国家级的新闻出版机

构全然无视它们的存在"(Jenny, H. 1984)。

对水土保持持积极态度的人都明白土壤几乎与一切社会问题密切相关,他们常常疑惑不解的是为什么不把土壤放在议事日程更优先的位置呢?他们可能会感到人们对土壤漠不关心,政策制定者也置若罔闻。在整个社会体系架构中,无论是全球层面还是国家和社区层面,都没把土壤摆在生活必需品的应有位置上,这其中可能有文化或历史的原因,但是土壤作为与水和空气并列的要素通常被忽视了。

土壤对大多数人来说是很特别的东西,人们往往对它熟视无睹,它从我们的指缝间滑落,我们行走在它上面,我们用它建造房屋,它提供粮食给我们,它的作用不胜枚举……没有两处的土壤是完全相同的,土壤中进行着非常复杂的变化过程。很多复杂的内在平衡知识在土壤中都有体现。我们对待土壤的方式与土壤对我们的重要意义以及为我们提供的重要服务很不相称,尚有待找到解决这些问题的办法。

我们能做到更好地理清全球、国家和区域各个层面的问题,理清政府、政策制定者和最终用户之间的区别。但要真正祛除对土壤的无知,就要从日常生活着手,把土壤作为我们生活经验的一部分,最好的方法是通过教育,让公众认识到土壤对实现可持续发展和减缓气候变化发挥着举足轻重的作用。

在全球和国家层面上,应更有效地将科研成果和研究发现翻译出来供给终端用户和政策制定者使用。在水土保持领域,应更加注重应用科学或者把科学转化为实际应用。为实现这一目标,建议重新召集一批通晓多种语言的科学家。懂外语的科学家主要承担科研成果的翻译和传播工作,而且他们也能将终端用户实际遇到的问题反映到科学家和政策制定者那里去。通过加强沟通和深入实际,可更快地将知识转化为生产力。简而言之,懂外语的科学家将为促进"自上而下"式与"自下而上"式的结合发挥极为重要的作用。美国已出现了通晓多语种的科学家这一行,人们管他们叫"翻译",虽然这个称呼有时会产生误会。国家公园或地区性公园聘用他们给公园的游客作科普讲解。

各个层次的生活都是复杂的,无论是搞农场还是搞政治,人在任何社会阶层所发挥的作用也是复杂的。如果已经有很多事情亟待解决或需要立即采取行动,那么另外有一件事情加进来再想引起人们的注意就非常困难了。与之相似,要想拔高土壤在各种社会资产排序中的地位,就必须通过教育广为宣扬。在这方面虽然世界上不乏积极的例子,但往往太分散和零碎,尚不足以使土壤变得在文化上被广为认可和尊重。

如今,经常不太重视当地条件对选择土地管理制度的重要意义。在农业和林业教育计划中,要包含关注土壤功能,重视土地所有者对改善土壤健康状况可能发挥的重要作用等内容。在风险地区,技术推广部门应注重解决当地和区域性的土壤退化问题。应让土地所有者耳闻目睹那些示范性的做法。应加强科学研究成果的转化和应用,同时建立高效的信息流通渠道。

SCAPE 项目认为,第 4 章中的案例研究为了解欧洲的现状提供了一个窗口,即介绍了土壤面临的实际威胁又建议了解决方案。案例研究有助于读者了解水土保持涉及的问题,也可从中学习成功的经验。成功的经验和好的做法既有国内的也有国际的,不能简单照搬一个国家或地区的经验,但可用于启发新思路,寻找新办法。

正如第 1 章所述,为了社会的福祉提高我们对水土保持重要性的认识必须成为一个主要的政策目标。科学知识的融合是推动社会可持续发展中的关键,探索和寻求普遍规律需要其他领域专家的通力合作,专家们应具有用于探索的精神,享受相互发现的乐趣(Holling 等,2002)。在这方面,欧盟未来的水土保持机构可发挥积极作用(Curfs,2005)。

三十年前,民众对于气候变化一无所知,通过无数科学家的不懈努力,成功地提高了老百姓对气候变化的了解和认识,现在已是家喻户晓、妇孺皆知了(Curfs,2005)。现在我们可以借鉴以前宣传气候变化的成功经验,提高公众对我们珍贵土壤资源的认识,因为土壤气候和气候变化有着密切的联系。

欧洲水土保持机构将协调以下活动:

- 宣传、培训和教育活动,提高公众对土壤重要性的认识
- 运用更加切合实际的方式,将科研成果转化为土壤保护技术,供决策者和从业人员利用
- 不同利益相关方协商和自由辩论的平台,采用多学科、多部门和多体系的方法制定战略和策略
- 总结水土保持战略和教育计划方面的示范性做法,建立资料库

辩证地看待水土保持:尽管我们认为有必要宣传水土保持,但我们并不主张把土壤从各部门行业和系统中孤立开来。土壤终归属于土地景观和生态系统,它作为水文和生物化学循环的一部分,是公共的公益性资源。我们不能挖出土壤筑起一座山,然后再去研究它。下节将解释土壤在大的背景下所处的位置。

6.1.4 知识与数据

为了描述土壤关键功能的现况,并评价水土保持措施的绩效,需要掌握土壤和

及其功能方面的数据信息和有关知识。欧洲国家一建立起各自的信息系统收集并存储土壤数据。但是真正需要数据的人有时却得不到数据,如政策制定者、与土地打交道的农民和其他利益相关者。此外,土壤调查成果往往不完整,或精度太粗。欧盟的水土保持战略要想取得成功,就必须将现有的数据和信息系统的标准统一起来,必要时把系统建立完善。所采用的精度应为 1∶125000 或更大。要建立欧洲统一的监测系统,以便能够评估在某种措施下土壤条件发生的变化,如土地管理战略改变后土壤条件的变化。为保证未来土壤调查成果的一致性,要建立共同的基线参考基准。

光有信息和监测系统还不够,同样重要的是要让人们都用上这些系统。不仅决策者和农民用它正确地决策土地利用问题,而且还可让社会公众认识到在不同的土地管理战略下土壤的状况会发生变化(见前节所述)。要制定并实施欧盟土壤普查与监测计划就必须成立专门的欧盟水土保持机构。

(1)土壤指标。

应将土壤数据转换为指标,只有这样才能以多部门多行业综合的方式,把指标体系与政策和问题联系起来。英国的"沙漠化连线"网站(见 www.kcl.ac.uk/projects/desertlinks/ accessdis4me.htm) 给出了如何建立指标体系的实例,各种潜在的数据用户不管他需要了解沙漠化的哪些方面都可按自己的专业领域选择所需的指标。这种指标体系很有价值,因为它能指导用户有的放矢地选取适用的指标(如土壤侵蚀指标),还能将指标与对问题的科学解释和分析对照起来。

美国和加拿大等国家在土质和土壤健康指标监测以及土地使用者采用平衡积分卡方法进行土壤评估方面取得了很大的实际进展,土质监测已发展为土壤生态系统调查性监测。一些重要的用户可设定绩效目标,如土壤有机质累积含量指标,通过这样的关键指标评估绩效。欧洲需要确定哪些指标和步骤适用于欧洲的条件,并达成一致意见。我们在培训土地使用者做简单的试验测取土质指标方面已积累了丰富的经验。在 LUCAS 项目中,每年对几千块田进行调查并拍照,下一步打算将 LUCAS 项目进一步扩展,增加平衡记分卡法、关键指标的定量监测和数码照片等内容。作为农业和农村发展计划的一部分,在整个欧洲范围内的各个层级上用一个共同的监测项目覆盖。可利用"快鸟"卫星遥感数据验证土壤管理目标实现的效果,这就像一个高精度的监测系统一样,还可快速地将土壤威胁和土质数据反馈给主管部门。此类项目的实施需要由欧洲水土保持机构建立一套方法和规约,进行宣传和培训,帮助推广人员和农民,同时做监测和归档工作。

(2)土壤结构是关键指标。

土壤结构及其对雨水浸润的反应可成为反映土壤威胁的关键指标,土壤威胁包括有机质下降、土壤退化、生物多样性丧失和土壤侵蚀。农民在田里很容易观察到土壤结构和土壤行为方方面面的情况。观察土壤结构就可为未来的土壤侵蚀、荒漠化、生物多样性损失问题提供早期预警,遥感技术也能探测到此种变化。建议由农民观察土壤记录结构,作为实施记分卡方法的重要一环。可以帮助农民设定水土保持目标(如改善土壤结构以保持更多的有机质和水分),农民则利用积分卡方法观察措施的成功与否,并找出问题所在。农民在监测自身绩效的同时,也为欧盟提供欧洲土壤状态的监测数据。沙漠化预警和照片可由水土保持机构下属的土壤局存档,也可以与遥感监测系统连接起来。

艾梅森(Imeson, 2005)详细讲解了如何才能做到这一点。可借鉴德国(Beste, 2005)和美国的经验完善的现有的步骤。应立即行动起来,我们没有理由再延误时日。前面已经说过,采集到的数据可在欧洲水土保持机构的监督下用来探测荒漠化和问题地区,作为监测计划的一个组成部分。

6.1.5 土地伦理与土地管护

水土保持的内在价值极大。民众对待土地的态度以及他们享有的法律权利经历了殖民化和产业化的过程而一路演化。"土地伦理"的概念是利奥波德(Leopold)在他所著的《沙乡年鉴》中提出的(利奥波德,1984)。目前人们的觉悟已得到了很大的提高,其标志是认识到增长是有限的(引自"罗马俱乐部"智库),以及认识到卡森(Carson, 1962)在其《寂静的春天》一书中所描绘的大量使用 DTT 农药的恶果。这些都改变了人们对待土地的态度,影响着社会对土地所有权的理解。戈尔茨坦(Goldstein, 2000)描述了伴随土地所有权的利与责。土地所有权意味着什么取决于社会的诉求,并与当今之道德伦理相关。在当今的美国和欧洲,其核心伦理价值就是"管护",即关怀与维护土地的责任。城市居民需要健康的食物和水,需要安全无污染的环境,他们期望享有宜居环境、实现自我完满的权利。作为土地所有者,他必须信守承诺,承担起土地管护的义务,但对这种管护责任义务的担当必须建立在伦理价值的基础上,而不是为了钱才去履行。

如第 3 章和第 5 章所述,农业和区域发展补贴将有可能被用来支持土地所有者从事管护活动。最近,在 Potenza 举办了一个研讨会,会上 Quaranta 和 Salvia(2005)两人都提到,欧盟已同意将欧盟区域发展计划 539 亿欧元总经费的一部分拿出来用于防治沙漠化以及治理土壤威胁。意大利几个地区政府介绍了他们土壤保护项目的成功之处。尤其令人印象深刻的是已培训了一大批年轻科技人员来指导工作。英国的土地管理计划已在实施过程中。

6.1.6　从全局角度务实地处理土壤问题

如今，水土保持不仅针对土壤本身，而且针对包括土壤在内的提供着一切生态服务功能的、有生命的生态系统，本书对此已着墨颇多。管理和保护土壤我们要使土壤发挥其调节水与洪水、植物生长的媒质以及各种生物栖息地等诸多功能。土壤还以多种方式固存碳并调节气候。土壤与生态系统通过气候、水的流径以及迁徙的动物而相互联系在一起。因此应该在水和土地利用的管理这个大背景下进行土壤的保持与保护。如果承认把土壤从包含

> **从全局角度务实地处理土壤问题**
> * 切合实际的科学的框架（如适应性管理模式）
> * 务实的保护框架，涵盖整个土地景观及其地理遗产和生物多样性
> * 切合实际的土壤—水—植被—气候保护框架，涵盖所有行业和部门（如农、林、旅游等）并与土地利用规划与开发相联系
> * 切合实际的宣传框架计划

着它的生态系统以及土壤所处的文化和生态背景中孤立开来是没有意义的话，那么孤立地制定水土保持立法也是毫无意义的。

水土保持战略应建立在综合性的科学理论之上，它应不仅适用于受威胁的地区，也应适合于已成功治理的地区。欧洲有一个弱点，就是许多思维的方法论基本上就是统计学上的，如果有一个务实的规划和管理框架的话，效率将会高得多。美国和澳大利亚广泛采取后者的做法，其可贵之处在于，他们认识到不是处处都发生着土壤威胁，而是将注意力集中在"热点地区"和"关键时间点"上。

6.1.7　沙漠化

遍观今日之欧洲，沙漠化到处都可能出现，中欧和北欧（包括冰岛）也不例外。发生沙漠化不仅是因为土地管理不善或者是因为贫困，常常某项农村发展项目或政策在实施之后间接导致了对土壤的损害，从而引发了沙漠化。因此，欧洲防治沙漠化在治标的同时更要治本，即需要消除沙漠化隐形的动因。很多情况下人们并不是不知道如何管理土地，而是人们太过精于攫取财政补贴或其他经济激励之道（市场、国家政府和欧盟），为获得这些钱什么都做得出来，根本不管他们的做法对土壤和环境造成多大的破坏。前面讲到的葡萄牙的故事就证明此言不虚。浏览SCAPE 项目网站 www.scape.org 可了解更多有关沙漠化的信息资料。

应由一个独立的政府间科学小组牵头，采取综合措施治理土地退化。在研究与实践过程中，应根据适应性管理的原则，将重点放在现有工具和知识的运用和实施上。应加强教育，让人人都了解造成沙漠化的原因，使之家喻户晓，这需要做大

量的解释和宣传工作。

6.2 结论:全球背景下的欧洲水土保持

当前取得的普遍的共识是,全球经济和全球气候是全球环境变化的主要驱动力。在一个通过信息流动、能源流动和资本流动而紧密连接起来的世界上,一个地方发生的变化可在其他地方产生影响。在欧洲,保护土壤的功能应成为土地规划决策的可持续性标准的一部分。北欧来的游客,他们在意大利的克里特岛和葡萄牙的埃尔加夫打高尔夫球时,难道不想保证他们的行为符合可持续要求而不影响到土壤和生态系统? 企业家们寻找机会创造财富,使当地甚至全世界受益,他们也需要知道土壤和土地的长期利益有没有受到损害吗? 欧洲和全世界都找不到能够保障土壤不受市场和补贴驱动的土地利用和土地开发活动损害的机构或法律。

问题是:如何才能将土壤和土地退化的全球性动因纳入土壤保护战略中考虑呢?

为了逆转全球范围的土壤和土地退化趋势,需要特别关注世界贸易协定、出口补贴、技术创新和新市场的开发产生的影响。气候变化的主要动因就是全球性的土壤和土地退化,世界到处都见得到土壤侵蚀和土地退化灾害,包括中国当前发生的强烈风蚀和水蚀以及沙漠化,其原因是干旱条件下的经济发展活动;越南由于砍伐热带雨林改种咖啡而发生灾害性土壤侵蚀;巴西种植大豆造成土壤流失。欧洲由于拒绝从美国进口转基因大豆反而增加了对大豆的需求,因此而加重了毁林和土地退化。土地利用和发展政策是在地方政府或中央政府负责决策的,有关法律要么缺位要么有法不依。当地主管部门得不到信息,有的地方甚至没有主管部门,即使有主管部门也没有足够的权力或影响力阻止农民种咖啡、大豆或是其他什么东西。联合国防治沙漠化公约没有给各国政府提供调控土地利用的科学工具。有人经常把土壤侵蚀归咎于贫困农民,这很有误导性,恰恰是贫困的农民才会以可持续的方式管理自己的土地。联合国防治沙漠化公约所鼓吹的沙漠化与贫困有关的说法总是要视具体背景而定的,而且经常具有误导作用。虽然有些组织认真投入沙漠化防治,但是把全人类都组织起来防治沙漠化的工作还没开始。不把沙漠化治理好,我们就永远无法解决气候变化问题,也无从保护生物多样性。

国际合作的重要性

国际合作对保护环境非常有效,许多合作项目正在开展之中。开展国际合作的先决条件是资金和政治意愿。应将土壤保持与保护放在工作日程更优先的位置。要加强和提高直接从事水土保持工作的国际组织背后的科技支撑,如粮农组织（FAO）、全球环境基金（GEF）和联合国防治沙漠化公约组织（UNCCD）。一个机构或组织要取得成效就必须有决心、能力和知识。不同的国家在资源和能力方面差异巨大，所以制定区域性，最好是全球性的合作实施计划是非常有益的。国际援助和双边援助可为那些有此需求的国家和组织提供必要的资源以便协调他们的行动。

国际条约是有法律约束力的协议，签约的政府和国际组织有义务按计划实施既定的措施，以解决共同面对的问题。

> **应对全球性的土地退化：**
>
> ● 加强联合国防治沙漠化公约的科技手段（如遥感技术），以便及早发现土地退化问题
>
> ● 应开展土地退化影响评价报告的编制
>
> ● 需要成立水土保持专门机构，负责培训、监测和资料归档工作，该机构应担负国家和地区性职责
>
> ● 建立 GMES 或 GEO 监测系统提供实际情况的监测信息
>
> ● 通过宣传教育提高觉悟意识
>
> ● 制定土地伦理准则和立法
>
> ● 各个不同公约之间的协同
>
> ● 像应对气候变化政府间工作小组那样，成立水土保持政府间工作小组
>
> ● 自然资源普查

地球观测与土壤保护

到现在为止，联合国防治沙漠化公约所面临的主要困难之一是没有真正准确的方法测定或核查公约的实际执行情况。遥感技术的进步意味着已具备跟踪监测任何地点出现的沙漠化的能力。有关机构现在可以得到土壤问题的最新信息，做到问题一出现就能及时发现及时整治。土壤和土地保护国际工作组的任务之一就是监测并提供信息。归档和整理资料的工作可交给像 GEO 之类的项目来完成。巴西北部的森林保护最近已取得了进展，这要归功于对树木丛的近实时监测。

鸣　谢

我们非常感谢欧盟研究总司的大力支持,尤其是科技官员 Denis Peter 和 Maria Yeroyanni 帮助我们向欧盟其他部门解释这项工作的重要性,引起他人对本项目的兴趣。我们非常感谢欧盟环境总司土壤战略工作小组给予的大量支持,他们鼓励我们积极参加欧盟工作组和任务组的会议,并协助我们结成合作伙伴关系。SCAPE 项目组有幸成为欧洲土壤论坛的成员,使我们有机会听取参加协商和利益相关者会议的数百名与会者的意见,并与他们进行了广泛接触。我们特别要感谢指导委员会成员 Michel Robert 先生,他不幸于 2004 年辞世。我们感谢参加 SCAPE 项目所有人员的贡献,他们的名单列于本书的附录 1 中。我们感谢所有的以这样或那样的方式为本书的编写作出贡献的人们。本书是集体智慧的结晶。

参考文献

引子:土壤知多少

Eisenberg, Evan. 1998. The ecology of Eden. Alfred A. Knopf. ISBN 0394577507.

Silver, Donald M. 1993. One Small Square Backyard. New York: W. H. Freeman & Co.

Stuart, Kevin. 1984. My Friend the Soil: A Conversation With Hans Jenny. Journal of Soil and Water Conservation. 39:1, 158 ~ 161.

The Soil Biology Web Page (from the NRCS Soil Quality Institute) at http://www. soils. usda. gov/sqi.

Warshall, Peter, 1999. Whole Earth 96, Celebrating soil – Mother of all things.

Wilson, E. O. , 1984. Gaian Naturalist, Whole Earth, Spring, 1999.

第 1 章

Bennett, 1930. http://www. soil. ncsu. edu/about/century/hugh. html.

Bullock, P. 1999. Soil information: uses and needs in Europe in P. Bullock , R. J. A Jones and L. Montanarella (editors) Soil Resources in Europe. Official Publications of the European Communities Luxembourg 177 ~ 182.

EC 2002. Communication of 16 April 2002 from the Commission to the Council, the European Parliament, the Economic and Social Committee and the Committee of the Regions: Towards a Thematic Strategy for Soil Protection [COM (2002) 179 final]. (At: http://europa. eu. int/scadplus/printversion/en//lvb/l28122. htm).

ELSA e. V. / Policy document: Soil protection means flood prevention, 2002.

Goulding, K. W. T. and Poulton, P. R. , 2003. Des experimentations de longue duree sur la recherche en environnement. Un exemple pris en Grande Bretagne. Etude et Gestion des Sols 10, 253 ~ 261.

Hannam, I. and Boer, B. , 2002. Legal and Institutional Frameworks for Sustainable Soils. A preliminary report. IUCN Environmental Policy and Law Paper No. 45.

Holling, C. S. , and G. K. Meffe, 1996. Command and Control and the Pathology of Natural Resource Management. Conservation Biology 10, No. 2: 328 ~ 37.

Jungerius and Imeson, 2005. Globalisation, sustainability and resilience from the soil's point of view. In: Proceedings of the International Workshop Strategies, Science and Law for the Conservation of the World Soil Resources, Selfoss, Iceland, 14 – 18 September 2005, ISSN 1670 ~ 5785.

Rapport, D. J. , 1995. Ecosystem Health: Exploring the Territory. Ecosystem Health 1: 5 ~ 13; Costanza, R. , 1992. Toward an operational definition of ecosystem health. in Ecosystem Health: New Goals for Environmental Management. Costanza, R. Norton, B. B. , Haskell, B . J. ., (eds.) Island

Press, Washington, D. C. and Aguilar, B. J. 1999. Applications of Ecosystem Health for the Sustainability of Managed Systems in Costa Rica. Ecosystem Health 5: 1~13.

Rubio, J. L., Imeson, A. C., Bielek, P., Fullen, M. A., Andreu, V., Pascual, J. A., Recatala, L., Año, C. and Rengel, M., 2005. Directory of European Organizations and Persons Working on Soil Protection.

SCAPE, 2005. Strategies, Science and Law for the Conservation of the World Soil Resources. International Workshop, Selfoss, Iceland, 14 – 18 September 2005. AUI Publication No. 4. ISSN 1670~5785.

Yang Youlin, Victor Squires and Lu Qi, 2001. GLOBAL ALARM: DUST AND SANDSTORMS FROM THE WORLD'S DRYLANDS, United Nations.

第2章

Avery, B. W., 1987. Soil Survey Methods: A Review. Soil Survey Technical Monograph No. 18. Cranfield University, Silsoe, UK.

Bølviken, B., Demitriades, A., Hindel, R., Locutura, J. O'Connor, P., Ottesen, R. T, Plant, J., Ridgway, J. Salminen, R., Salpeteur, I., Schermann, O. and Volden, T. (eds.), 1990. Geochemical mapping of western Europe towards the year 2000. Project Proposal. Geological Survey of Norway (NGU) Report 90 – 106. 10 and 10 appendices.

Bølviken, B., Bogen, J., Demitriades, A., De Vos, W., Ebbing, J., Hindel, R., Ottesen, R. T., Salminen, R., Schermann, O. and Swennen, R., 1993. Final Report of the working group on regional geochemical mapping 1986 – 1993. Forum of European Geological Surveys (FOREGS), Geological Survey of Norway (NGU) Open File Report 93 – 092, 18 and 6 appendices.

Darnley, A., Björklund, A., Bølviken, B., Gustavson, N., Koval, P. V., Plant, J. A., Steenfelt, A., Tauchid, M., and Xuejing, X., 1995. A global geochemical database for environmental and resource management. Recommendations for international geochemical mapping. Final report of IGCP – project 259, UNESCO Publishing, Paris, France, 122.

Dent, D and Young, A., 1981. Soil Survey and Land Evaluation. Goerge Allen and Unwin, London.

Dobos, E., Micheli, E. and Montanarella, L., 2005. The Development of a Soil Organic Matter Content Database using 1000 M resolution DEM and MODIS data for a Pilot Area of Hungary, (submitted).

Dudal, R., Bregt, A. K. and Finke, P. A., 1993. Feasibility study of the creation of a soil map of Europe at scale 1:250000. DG XI, Task Force European Environment Agency. Commission of the European Communities. Leuven – Wageningen. 69.

EC, 2003. Regulation (EC) No. 2152/2003 of the European Parliament and of the Council of 17 November 2003 concerning monitoring of forests and environmental interactions in the Community (Forest Focus), OJ L 324, 11. 12. 2003, 1~8.

EEA, 1998. Europe's Environment. The Second Assessment. European Environment Agency,

Copenhagen.

EEA – ETC/TE, 2002. CORINE Land Cover update, I&CLC2000 project, Technical Guidelines, http://www. terrestrial. eionet. eu. int

European Soil Bureau, Scientific Committee, 1998. Georeferenced Soil Database for Europe: Manual of Procedures Version 1. 0. EUR 18092 EN 184. Office for Official Publications of the European Communities, Luxembourg.

European Soil Bureau, 2004. " THE EUROPEAN SOIL DATA BASE. VERSION 1 ", EUR 19945, CD – ROM Cat. Nr. LBNA19945ENZ ISBN 92 – 894 – 1947 – 4. Office for Official Publications of the European Communities, Luxembourg.

FAO – ISRIC, 1995. Global and national soils and terrain digital database (SOTER). Procedures manual.

FAO 1998. World Reference Base for Soil Resources. World Soil Resources Report No. 84, FAO, Rome.

Hodgson, J. M. (Ed.), 1991. Soil Survey – A basis for European Soil Protection. Soil and Groundwater Research Report. Commission of the European Communities, Luxemburg. 214.

Hollis, J. M. and Avery, B. W. , 1997. History of Soil Survey and development of the soil series concept in the U. K. Advances in GeoEcology 29, 109 ~ 144.

Jamagne M. , Montanarella L. , Daroussin J. , Eimberck M. , King D. , Lambert J. J. , Le Bas C. , Zdruli P. , 2001. Methodology and experience from the soil geographical database of Europe at 1:1000000 scale. In: Soil resources of Southern and Eastern Mediterranean countries. Zdruli P. , Steduto P. , Lacirignola C. , Montanarella L. (Eds). Options méditerranéennes. CIHEAM, Bari. 27 ~ 47.

Jones, R. J. A. , Houskova, B. , Montanarella, L. and P. Bullock, 2005. Soil Resources of Europe: including Neighboring Countries. European Soil Bureau Research Report No. 9, EUR 20559 EN (2005). 350. Office for Official Publications of the European Communities, Luxembourg.

King D. , Meyer – Roux J. , Thomasson A. J. , Vossen P. , 1998. A proposed European soil information policy. In: Land Information Systems. Development for planning the sustainable use of land resources. Heineke H. J. , Eckelmann W. , Thomasson A. J. , Jones R. J. A. , Montanarella L. , Buckley B. (Eds). European Soil Bureau Research report No. 4, EUR 17729 EN. Office for publications of the European Communities. Luxembourg. 11 ~ 18.

Klingebiel, A. A. and Montgomery, P. H. , 1961. Land Capability Classification. USDA Soil Conservation Service, Agricultural Handbook No. 210, 21.

Le Bas, C. and M. Jamagne (Eds), 1996. Soil databases to support sustainable development. INRA – SESCPF, Joint Research Centre – IRSA. 149.

Montanarella, L. , 1996. The European Soil Bureau, European Society for Soil Conservation. Newsletter No. 2, 1996, Trier: 2 ~ 5.

Montanarella L. and Jones R. J. A. , 1999. The European soil bureau. In: Soil resources of Europe. Bullock P. , Jones R. J. A. , Montanarella L. (Eds). European Soil Bureau, Research Report

Montanarella L. , 2001. "The European Soil Information System (EUSIS)"; in "Desertification Convention: data and Information Requirements for Interdisciplinary Research", G. Enne, D. Peter, D. Pottier (Eds.), EUR 19496 EN.

SGDE ver. 3.28, 2003. Soil Geographical Database for Eurasia & The Mediterranean: Instructions Guide for Elaboration at scale 1:1000000. Version 4.0. J. J. Lambert, J. Daroussin, M. Eimberck, C. Le Bas, M. Jamagne, D. King & L. Montanarella. EUR 20422 EN, 64. Office for Official Publications of the European Communities, Luxembourg.

Soil Atlas of Europe, 2005. European Soil Bureau Network, European Commission, 128, Office for Official Publications of the European Communities, L – 2995 Luxembourg.

Stolbovoi V. , L. Montanarella, V. Medvedev, N. Smeyan, L. Shishov, V. Unguryan, G. Dobrovol'skii, M. Jamagne, D. king, V. Rozhkov, I. Savin, 2001. "Integration of Data on the Soils of Russia, Belarus, Moldova and Ukraine into the Soil Geographic Database of the European Community"; Eurasian Soil science, Vol. 34, No. 7, 687 ~ 703.

Van Ranst, E. , Thomasson, A. J. , Daroussin, J. , Hollis, J. M. , Jones, R. J. A. , Jamagne, M. , King, D. and Vanmechelen, L. , 1995. Elaboration of an extended knowledge database to interpret the 1:1000000EU Soil Map for environmental purposes. In: European Land Information Systems for Agro – environmental Monitoring. D. King, R. J. A. Jones and A. J. Thomasson (Eds.). EUR 16232 EN, 71 ~ 84. Office for Official Publications of the European Communities, Luxembourg.

第 3 章

Arnalds, O. , 2005. Knowledge and policy making; Premises, Paradigms, and a Sustainability Index Model. In: Papers of the International Workshop on Strategies, Science and Law for the Conservation of the World Soil Resources, Selfoss, Iceland, 14 – 18 September 2005. ISSN 1670 – 5785.

Bautista, S. , Martínez Vilela, A. , Arnoldussen, A. , Bazzoffi, P. , Böken, H. , De la Rosa, D. , Gettermann, J. , Jambor, P. , Loj, G. , Mataix Solera, J. , Mollenhauer, K. , Olmeda – Hodge, T. , Oteiza Fernandéz – Llebrez, J. M. , Poitrenaud, M. , Redfern, P. , Rydell, B. , Sánchez Diáz, J. , Strauss, P. , Theocharopolous, S. P. , Vandenkerckhove, L. , Zuqúete, A. , 2004. Soil Erosion. Task Group 4. 1 on Measures to Combat Soil Erosion. In: Van Camp, L. , Bujarral, B. , Gentile, A. , Jones, R. J. A. , Montanarella, L. , Olazabal, C. , Selvaradjou, S. K. (Eds) 2004: Reports of the Technical Working Groups established under the Thematic Strategy for Soil Protection. Volume II Erosion. European Commission Joint Research Centre and European Environmental Agency. EUR 21319 EN/2: 199 ~ 214.

Bullock, P. , 1999. Soil Resources of Europe: An Overview. In: Bullock, P. , Jones, R. J. A. , Montanarella, L. , (eds), 1999. Soil resources of Europe. European Soil Bureau Research Report No 6: 123 ~ 128.

Castillo, V. , Arnoldussen, A. , Bautista, S. , Bazzoffi, P. , Crescimanno, G. , Imeson, A. ,

Jarman, R. , Robert, M. , Rubio, J. L. , 2004. Soil Erosion. Task Group 6 on Desertification. In: Van Camp, L. , Bujarral, B. , Gentile, A. , Jones, R. J. A. , Montanarella, L. , Olazabal, C. , Selvaradjou, S. K. (Eds) 2004: Reports of the Technical Working Groups established under the Thematic Strategy for Soil Protection. Volume II Erosion. European Commission Joint Research Centre and European Environmental Agency. EUR 21319 EN/2: 275 ~294.

Crescimanno, G. , Lane, M. , Owens, P. N. , Rydel, B. , Jacobsen, O. H. , Düwel, O. , Böken, H. , Berényi – Üveges, J. , Castillo, V. , Imeson, A. , 2004. Soil Erosion. Task Group 5 on Links with Organic Matter and Contamination Working group and Secondary Soil Threats. In: Van Camp, L. , Bujarral, B. , Gentile, A. , Jones, R. J. A. , Montanarella, L. , Olazabal, C. , Selvaradjou, S. K. (Eds) 2004: Reports of the Technical Working Groups established under the Thematic Strategy for Soil Protection. Volume II Erosion. European Commission Joint Research Centre and European Environmental Agency. EUR 21319 EN/2: 241 ~274.

De la Rosa, D. , Mayol, F. , Diaz – Pereira, E. , Fernandez, M. , De la Rosa, D. Jr. , 2004. A land evaluation decision support system (MicroLEIS DSS) for agricultural soil protection. Environmental Modelling & Software 19: 929 ~942.

Doran, J. W. and Safley, M. , 1997. Defining and Assessing Soil health and Sustainable Productivity. In: Pankhurst, C. E. , Doube, B. M. , Gupta, V. V. S. R. , 1997: Biological Indicators of Soil Health. 1 ~28. CAB International.

Doran, J. W. , 2002. Soil Health and Global Sustainability: translating science into practice. Agriculture, Ecosystems and Environment 88: 119 ~127.

Dorren, 2004. Local care for natural capital in mountain ecosystems. In: Briefing Papers of the third SCAPE workshop in Schruns (AU) 11 – 13 October 2004: 107 ~113.

Dorren, L. , Bazzoffi, P. , Sánchez Díaz, J. , Arnoldussen, A. , Barberis, R. , Berényi üveges, J. , Böken, h. , Castillo Sánchez, V. , Düwel, O. , Imeson, A. , Mollenhauer, K. , De la Rosa, D. , Prasuhn, V. , Theocharopoulos, S. P. , 2004. Soil Erosion. Task Group 3 on Impacts of Soil Erosion. In: Van Camp, L. , Bujarral, B. , Gentile, A. , Jones, R. J. A. , Montanarella, L. , Olazabal, C. , Selvaradjou, S. K. (Eds) 2004: Reports of the Technical Working Groups established under the Thematic Strategy for Soil Protection. Volume II Erosion. European Commission Joint Research Centre and European Environmental Agency. EUR 21319 EN/2: 187 ~198.

EC, 2002. Communication of 16 April 2002 from the Commission to the Council, the European Parliament, the Economic and Social Committee and the Committee of the Regions: Towards a Thematic Strategy for Soil Protection [COM (2002) 179 final]. (At: http://www. europa. eu. int/scadplus/printversion/en//lvb/l28122. htm).

EEA, 2003. Europe's Environment: the Third Assessment. Environment Assessment Report No. 10. European Environmental Agency. Office for Official Publications of the European Communities.

Elgersma, A. M. , Støen, M. Aguilar, Dhillion, S. S. , 2004. Status of marginalisation in Norway: Agriculture and land use. Working paper EUROLAN project (QLK5 – CT – 2002 – 02346). http://www. umb. no/ina/forskning/eurolan/index_e. htm

Elgersma, A. M. and Dhillion, S. S. , 2005. Marginalisation and Multifunctional land use: a case from Tynset Kommune and Tylldalen. Case study paper EUROLAN project (QLK5 – CT – 2002 – 02346). http://www. umb. no/ina/forskning/eurolan/index_e. htm

Esteve, J. F. , Imeson, A. , Jarman, R. , Barberis, R. , Rydell, B. , Castillo Sánchez, V. , Vandekerckhove, L. , 2004. Soil Erosion. Task Group 1 on Pressures and Drivers causing Soil Erosion. In: Van Camp, L. , Bujarral, B. , Gentile, A. , Jones, R. J. A. , Montanarella, L. , Olazabal, C. , Selvaradjou, S. K. (Eds) 2004: Reports of the Technical Working Groups established under the Thematic Strategy for Soil Protection. Volume II Erosion. European Commission Joint Research Centre and European Environmental Agency. EUR 21319 EN/2: 129 ~ 144.

European Commission, 2002. Communication from the Commission to the Council, the European Parliament, the Economic and Social Committee and the Committee of the Regions. Towards a Thematic Strategy for Soil protection. COM(2002) 179.

Fanta, J. , Zemek, F. , Prach, K. , Heřman, M. , Boucníková, E. , 2005. Strengthening the mulitfunctional use of European land: Coping with marginalization. The case of Sušice – Dobrá Voda. Case study paper EUROLAN project (QLK5 – CT – 2002 – 02346). http://www. umb. no/ina/forskning/eurolan/index_e. htm.

GEF, 2003. Operational Program on Sustainable Land Management (OP#15). December 18, 2003,16.

Geist, H. J. and Lambin, E. , 2001. What Drives Tropical Deforestation? A meta – analysis of proximate and underlying causes of deforestation based on subnational case study evidence. LUCC Report Series No. 4 116.

ICONA. 1988. Agresividad de la lluvia en España. Mo de Agric. Pesca y Alimentación. Madrid.

Jones, R. J. A. , Le Bissonnais, Y. , Bazzoffi, P. , Sánchez Díaz, J. , Düwel, O. , Loj, G. , Øygarden, L. , Prasuhn, V. , Rydell, B. , Strauss, P. , Berényi üveges, J. , Vandekerckhove, L. , Yordanov, Y. , 2004. Soil Erosion. Task Group 2 on Nature and Extent of Soil Erosion in Europe. In: Van Camp, L. , Bujarral, B. , Gentile, A, Jones, R. J. A. , Montanarella, L. , Olazabal. C. , Selvaradjou, S. K. (Eds) 2004: Reports of the Technical Working Groups established under the Thematic Strategy for Soil Protection. Volume II Erosion. European Commission Joint Research Centre and European Environmental Agency. EUR 21319 EN/2: 145

Karlen, D. L. , M. J. Mausbach, J. W. Doran, R. G. Cline, R. F. Harris, and G. E. Schuman. 1997. Soil quality: Concept, rationale, and research needs. Soil Sci. Soc. Am. J. 61: 000 – 000 ~ 186.

Lavee, H. , Sarah, P. and Imeson, A. , 1996. Aggregate stability dynamics as affected by soil temperature and moisture regimes. Geografiska Annaler, 78 A, 1: 73 ~ 82.

Mander, Ü. , Kuusemets, V. , Meier K. , 2004. Status of marginalisation in Estonia: Agriculture and land use. Working Paper EUROLAN project (QLK5 – CT – 2002 – 02346). http://www. umb. no/ina/forskning/eurolan/index_e. htm.

Rosell, J, Viladomiu, L. , Zamora, A. , 2004. Status of marginalisation in Spain: Agriculture and Land Use. Working Paper EUROLAN project (QLK5 – CT – 2002 – 02346). http://www. umb. no/ina/forskning/eurolan/index_e. htm.

Saturnino, H. M. and Landers, J. N. , 2002. The Environment and Zero Tillage. 144.

SCAPE, 2005. Strategies, Science and Law for the Conservation of the World Soil Resources. International Workshop, Selfoss, Iceland, 14 – 18 September 2005. AUI Publication no. 4. ISSN 1670 – 5785.

Schnabel, S. , 2003. Soil degradation in areas with silvopastoral landuse. In: Boix, C. , Dorren, L. , Imeson, A. (Eds): Briefing papers of the first SCAPE Workshop. Alicante, 55 ~ 58.

Tainter, J. A. 1995. Sustainability of complex societies. Futures 27: 397 ~ 407.

United Nations Population Fund (UNFPA), 2001. The State of World Population 2001. UNFPA.

Vihinen, H. , Tapio – Biström, M – L, Voutilainen, O. , 2004. Status of marginalisation in Finland. Working Paper EUROLAN project (QLK5 – CT – 2002 – 02346). http://www. umb. no/ina/forskning/eurolan/index_e. htm

Wiebe, K. , 2003. Linking Land Quality, Agricultural Productivity, and Food Security. USDA, Agricultural Economic Report No. 823.

第 4 章

Curfs, M. , 2004, Desertification, Perceptions and Perspectives, Presented at the third SCAPE workshop in Schruns (Austria), 11 – 13 October 2004.

EEA, 2000. Full references in European Environment Agency: Europe's environment: the third assessment. Environmental assessment report No 10. Luxembourg: Office for Official Publications of the European Communities, 231.

第 5 章

Alpine Convention, www. convenzionedellealpi. org/index.

Arnold, D. , 2004. Lessons for Europe: the experience of the U. S. Soil Conservation Service. In: Briefing papers of the second SCAPE workshop in Cinque Terre (IT), 13 – 15 April 2004.

Briassoulis, H. , 2005. Sustainable management of soil resources: policy intergarion , soil property regimes and public awareness raising. In: Proceedings International Workshop on Strategies, Science and Law for the Conservation of the World Soil Resources, Selfoss, Iceland, 14 – 18 September 2005. ISSN 1670 – 5785.

Curfs, M. , 2004, Desertification, Perceptions and Perspectives, Presented at the third SCAPE workshop in Schruns (Austria), 11 – 13 October 2004.

CBD, 1992. UN Convention on Biological Diversity, UNEP.

EC 2002. Communication of 16 April 2002 from the Commission to the Council, the European Parliament, the Economic and Social Committee and the Committee of the Regions: Towards a Thematic Strategy for Soil Protection [COM (2002) 179 final]. (At: http://www. europa. eu. int/scadplus/printversion/en//lvb/l28122. htm).

EC, Council Regulation No. 1782/2003, 2003. Official Journal of the European Union

FAO, 1982. World Soil Charter. Rome, FAO 8.

Federal Soil Protection Act of Germany (17 March 1998) Federal ministry for the environment, Bonn, 28. 8. 1998 Nature conservation and nuclear safety.

Hannam, I. and Boer, B., 2002. Legal and Institutional Frameworks for Sustainable Soils. A preliminary report. IUCN Environmental Policy and Law Paper No. 45.

Hurni, H. and Meyer, K., eds. 2002. A World Soils Agenda. Discussing International Actions for the Sustainable Use of Soils. Prepared with the support of an international group of specialists of the IASUS Working Group of the International Union of Soil Sciences (IUSS). Berne, Switzerland: Centre for Development and Environment. Holmeda – Hodge et al., 2004

Imeson, A. C., 2004. The use of indicators in soil erosion and protection. In: Briefing papers of the second SCAPE workshop in Cinque Terre, 13 – 15 April 2005, 195 ~ 200.

Mitchell, D., 2004. Latest EU soil policy developments concerning agriculture. In: Briefing papers of the fourth SCAPE workshop in Ås, 9 – 11 May 2005.

Montanarella L., Micheli E. and Arnold R., 2004. Soil conservation services in the European Union and in the United States of America, Proceedings of the 4th International Conference on Land Degradation, Cartaghena.

Olmeda – Hodge, T., Robles del Salto, J. F., Vandenkerckhove, L., Arnoldussen, A., BØken, H., Brahy, V., Düwel, O., Gettermann, J., Jacobsen, O. H., Loj, G., Martínez Vilela, A., Owens, P. N., Poitrenaud M., Prasuhn, V., Redfern, P., Rydell, B., Strauss, P., Theocharopoulos, S. P., Yordanov, Y., Zùquete, A., 2004. Soil Erosion. Task Group 4. 2 on Policy Options for Prevention and Remediation. In: Van Camp, L., Bujarral, B., Gentile, A., Jones, R. J. A., Montanarella, L., Olazabal, C., Selvaradjou, S. K. (Eds) 2004: Reports of the Technical Working Groups established under the Thematic Strategy for Soil Protection. Volume II Erosion. European Commission Joint Research Centre and European Environmental Agency. EUR 21319 EN/2: 215 ~ 240.

SCAPE, 2005. Strategies, Science and Law for the Conservation of the World Soil Resources. International Workshop, Selfoss, Iceland, 14 – 18 September 2005. AUI Publication no. 4. ISSN 1670 ~ 5785.

Soil Atlas of Europe, 2005. European Soil Bureau Network, European Commission, 128, Office for Official Publications of the European Communities, L – 2995 Luxembourg.

Soil Action Plan for England. 2004. Published by the Department for Environment, Food and Rural Affairs. Printed in the UK, May 2004.

Draft Soil Strategy for England, A Consultation Paper, 2001. Department for Environment, Food & Rural Affairs.

UNEP (United Nations Environmental Programme), 1982. World soils policy. Annex III, 15 ~ 18. Nairobi, Kenya.

Wynen, E. , 2002. A UN convention on Soil Health or what Are the Alternatives?, Proceedings of the l4th IFOAM Organic World Congress, Victoria, Canada, August 2002.

第 6 章

Beste, A. , 2005. Landwirtschaftlicher Bodenschutz in der Praxis Verlag Dr. K？ster Berlin, germany 204.

Briassoulis, H. 2005. Policy integration for Complex Environmental Problems. The example of Mediterranean Desertification Asgate, Hants England 371.

Carson R. 1962. Silent Spring. Boston, Houghton Mifflin Company (2002).

Club of Rome, http://www. clubofrome. org/archive/index. php.

Curfs, M. 2005. Our hands, our soil. Desertification paper at the 4th SCAPE desertification workshop, Åss, Norway.

GEO, 2005. http://europa. eu. int/comm/research/environment/geo/article_2447_en. htm.

Goldstein R. J. , 2000. Environmental Ethics and Positive Law pp 1 to 29 in Environmental Ethics and Law, Goldstein Editor Ashgate, Hants. England, 677.

Grinlinton, D. , 2002: Contemporary environmental law in New Zealand. In: Bosselmann, K. ; Grinlinton, D. ed. Environmental law for a sustainable society. Auckland, NZ Centre for Environmental Law, 19 ~ 46.

Grinlinton, D. , 2005. Using legal methods and strategies to promote the sustainable use of soil. In: Strategies, Science and Law for the Conservation of the World Soil Resources, SCAPE Workshop, 14 – 18 September 2005, Selfoss, Iceland, 135 ~ 144.

Holling, C. S. , Gunderson, L. H. , Ludwig, D. , 2002. In Quest of a theory of adaptive change. In Gunderson, L. H. , Holling, C. S. 2002. Panarchy: understanding transformations in human and natural systems, 3 ~ 22 Island Press, Washington D. C. , USA

Holling, C. S. , and G. K. Meffe, 1996. Command and Control and the Pathology of Natural Resource Management. Conservation Biology 10, No. 2: 328 ~ 37.

Imeson A. C. , 2005. Addressing Soil Erosion in Europe. Land Degradation and Development. Special Issue. Vol. 16, Issue 6, 505 ~ 508 .

Jenny, H. 1984. In: Stuart, K. My friend, the Soil; A conversation with Hans Jenny.

Leopold, A. , 1948. A Sand County Almanac, and Sketches Here and There, 1948, Oxford University Press, New York, 1987, 81.

Quaranta, G. and Salvia, R. , 2005. Riqualificazione e gestione del territorio, lotta alla desertificazione e sviluppo sostenible Buone practsche per i territor rurali, Franco Angeli Rome Italy.

附录

附录 1:SCAPE 项目研讨会参会人员

以下人员曾一次或多次参加过 SCAPE 项目的研讨会。此外,会议所在地的人列席了项目研讨会,但这里没列出他们的名字。另外还有许多人参加了讨论,为 SCAPE 项目得出结论和建议作出了贡献,如欧盟环境总司成立的技术工作组为制定欧盟土壤战略提供了支持。SCAPE 项目指导委员会的成员都积极参加了各个工作小组的活动。

名	姓	单位	国家	电邮
Adam 亚当	Kertesz 凯尔泰斯	ESSC	匈牙利	kertesza@ helka. iif. hu
Adolfo 阿道夫	Calvo – Cases 卡尔沃凯斯	瓦伦西亚大学	西班牙	adolfo. calvo@ uv. es
Alexandra 亚历山德拉	Freudenschuβ 伊登舒斯	联邦环境署	奥地利	alexandra. freudenschuss @ umweltbundesamt. at
Andrea 安德烈	Beste 贝斯特	土壤保护与可持续农业研究所	德国	a. beste@ t – online. de
Andrei 安德烈	Canarache 卡纳拉凯	土壤科学与农林研究所	罗马尼亚	fizica@ icpa. ro
Andres 安德烈斯	Arnalds 阿德纳尔斯	冰岛 水土保持局	冰岛	andres. arnalds@ land. is
Andrew 安德鲁	Waite 韦特	伯温—累顿—帕斯纳律师事务所环境小组	美国	andrew. waite @ berwin-leightonpaisner. com
Anna Martha 安娜玛莎	Elgersma 艾尔格斯玛	Eurolan 农业大学	挪威	anna. elgersma@ umb. no
Anne-Veronique 安妮韦罗妮克	Auzet 奥泽	货币基金组织—国家科学研究中心	法国	auzet@ imfs. u – strasbg. fr
Anton 安东	Imeson 艾梅森	阿姆斯特丹大学	荷兰	acimeson@ science. uva. nl
Antonio 安东尼奥	Benjamin 本杰明	巴西绿色星球律师团	巴西	planet – ben@ uol. com. br
Arnold 阿诺德	Arnoldussen 阿诺杜森	挪威土地资源调查所（NIJOS）	挪威	arnold. arnoldussen @ nijos. no
Artemi 阿尔捷米	Cerda 塞尔达	瓦伦西亚大学	西班牙	acerda@ uv. es acerda@ uv. es

续表

名	姓	单位	国家	电邮
Asa 奥萨	Aradottir 阿拉多蒂尔	冰岛水土保持局	冰岛	asa@ land. is
Avertano 阿韦尔塔诺	Role 洛尔	马耳他大学	马耳他	avertano. role @ um. edu. mt
Barbro 巴布罗	Ulén 乌伦	瑞典乌普萨拉农业大学	瑞典	barbro. ulen@ mv. slu. se
Ben Boer 本波尔	Boer 波尔	悉尼大学	澳大利亚	benboer@ law. usyd. edu. au
Bernard 伯纳德	Vanheusden 范休斯顿	鲁汶大学	比利时	bernard. vanheusden @ luc. ac. be
Bernhard 伯恩哈德	Kohl 科尔	联邦森林、自然灾害及景观研究和培训中心	奥地利	bernhard. kohl@ uibk. ac. at
Bernhard 伯恩哈德	Maier 迈尔	蒙塔丰市	奥地利	bernhard. maier @ stand - montafon. at
Borut 博鲁特	Vrscaj 瓦斯凯	卢布尔雅那大学	斯洛文尼亚	borut. vrscaj@ bf. uni - lj. si
Brad 布拉德	Wilcox 威尔科克斯	得克萨斯州农业与机械大学	美国	bwilcox@ tamu. edu
Brian 布赖恩	Mcintosh 麦金托什	克兰菲尔德大学	英国	B. McIntosh @ Cranfield. ac. uk
Carolina 卡罗利纳	Boix - Fayos 博伊克斯 - 法约斯	塞古拉土壤与应用生物学中心—国家科学调查协会（CEBAS - CSIC）	西班牙	rn002@ cebas. csic. es
Claire 克莱尔	Cenu 赛努			
Craig 克雷格	Ditzler 迪茨勒	美国农业部自然资源保护局	美国	craig. ditzler @ lin. usda. gov
David 大卫	Grinlinton 格林灵顿	奥克兰大学	新西兰	d. grinlinton @ auckland. ac. nz
Diane 迪亚娜	Mitchell 米切尔	全国农民联盟	英国	Diana. Mitchell@ nfu. org. uk

名	姓	单位	国家	电邮
Dick 迪克	Arnold 阿诺德	水土保持协会	美国	CT9311@ aol. com
Diego 迭戈	de la Rosa 罗萨	塞维利亚材料科学研究所	西班牙	diego@ irnase. csic. es
Dominique 多米尼克	Arrouyas 阿若瓦斯	法国国家农业研究院土壤信息所	法国	arrouays@ orleans. inra. fr
Eivind 艾文德	Solbakken 索尔巴肯	挪威土地资源调查所（NIJOS）	挪威	eis@ nijos. no
Erika 埃里卡	Micheli 米歇尔利	伊什特万大学	匈牙利	micheli@ spike. fa. gau. hu
Franco 佛朗哥	Bonanini 博纳尼尼	五渔村国家公园主管	意大利	pres. parco5terra@ libero. it
Freddy 弗雷迪	Nachtergaele 那切特加利	粮农组织	意大利	freddy. nachtergaele@ fao. org
Freddy 弗雷迪	Rey 雷伊	法国农业与环境工程研究所	法国	freddy. rey@ cemagref. fr
Gerhard 格哈德	Markart 马卡特	联邦森林、自然灾害及景观研究和培训中心	奥地利	gerhard. markart@ uibk. ac. at
Giovanni 乔瓦尼	Quaranta 夸兰塔	巴西利卡塔大学	意大利	quaranta@ unibas. it
Godert 霍德特	van Lynden 范林登	世界土壤信息中心	荷兰	Godert. vanlynden@ wur. nl
Guerún 古德龙	Gísladóttir 吉斯拉多蒂尔	冰岛大学科学研究所地质和地理部	冰岛	ggisla@ hi. is
Gunnar 贡纳尔	Prøis 普洛斯	挪威农业与食品部	挪威	gunnar. prois@ lmd. dep. no
Hanneke 汉耐克	van den Ancker 范登安可	地貌与景观基金会	荷兰	juan. GenL@ inter. nl. net
Hanoch 哈诺	Lavee 拉维	Bar Ilan 大学	以色列	laveeh@ mail. biu. ac. il
Hans – Rudolf 汉斯鲁道夫	Bork 博克	基尔大学	德国	hrbork@ ecology. uni – kiel. de

名	姓	单位	国家	电邮
Harry 哈瑞	Seijmons – bergen 赛蒙斯 – 伯根	阿姆斯特丹大学	荷兰	acseijmonsbergen @ science. uva. nl
Hein 海因	Bouwmeester 博密斯特	阿姆斯特丹大学	荷兰	buildmaster@ chello. nl
Helen 海伦	Briassoulis 布里安索里斯	爱琴海大学	希腊	e. briassouli@ aegean. gr
Helga 埃尔加	Gunnársdottir 冈那斯多蒂尔	Østfold 县莫尔萨(Morsa)项目组长	挪威	Helga. Gunnarsdottir @ fmos. no
Helge 黑尔格	Lundekvam 伦德科瓦姆	挪威研究局	挪威	helge. lundekvam @ umb. no
Holger 霍尔格	Boken 博肯	联邦环保局	德国	holger. boeken@ uba. de
Ialina 伊琳娜	Vinci 文希	威尼托地区环保署 (ARPAV)	意大利	ivinci@ arpa. veneto. it
Ian 伊恩	Bradley 布拉德利	国家土壤资源研究所 (NSRI)	英国	r. bradley @ cranfield. ac. uk
Ian 伊恩	Hannam 汉南	亚洲开发银行	澳大利亚	ian. hannam @ ozemail. com. au
Ingrid 英格里德	Rydberg 里德伯	瑞典环境保护局	瑞典	Ingrid. Rydberg @ naturvardsverket. se
Ingwer 因格沃	Bos 博斯	阿姆斯特丹大学	荷兰	Ingwer. Bos@ student. uva. nl Ingwer. Bos @ student. uva. nl
Iraj 伊拉吉	Namdarian 纳姆达瑞安	意大利国家农业经济研究所	意大利	namdarian@ inea. it
Irene 艾琳	Heuser 赫泽	勃兰登堡办事处	德国	Irene. Heuser @ stk. brandenburg. de
Isabel 伊莎贝尔	Serrasolses 塞拉索赛斯	地中海区域环境研究中心(CEAM)	西班牙	isabel. serrasolses@ uab. es
Jane 简	Brandt 勃兰特	防治荒漠化连线"Desertlinks "	英国	medalus @ medalus. demon. co. uk
Janet 珍妮特	Hooke 胡克	朴次茅斯大学地理系	英国	janet. hooke@ port. ac. uk

续表

名	姓	单位	国家	电邮
Jerzy 耶日	Reijman 雷吉曼	波兰科学院农业物理科学研究所	波兰	rejman @ demeter. ipan. lublin. pl
Johan 约翰	Kollerud 克拉路德	挪威农业局	挪威	Johan. Kollerud@ slf. dep. no
Johannes 约翰内斯	Schweiger 施瓦格	德福拉尔贝格州政府办公室	奥地利	Johannes. Schweiger @ vorarlberg. at
John 约翰	Benson 本森	悉尼植物园	澳大利亚	john. benson @ rbgsyd. nsw. gov. au
Jon 乔恩	Weng 翁	Hobøl – pydeberg – Askim 农业办公室	挪威	jon. weng @ spydeberg. kommune. no
Joop 居普	Vegter 维格特	水土保持技术委员会	荷兰	joopvegter@ mac. com
Joris 里斯	de Vente 德温特	鲁汶大学	比利时	Joris. deVente @ geo. kuleuven. ac. be
Jose Luis 何塞路易斯	Rubio 鲁维奥	环境系统研究中心主任	西班牙	Jose. L. Rubio@ uv. es
Josef 约瑟夫	Scherer 舍雷尔		奥地利	josef. scherer@ vorarlberg. at j
Julia 朱莉娅	Martinéz – Férnandez 马丁内兹, 费尔南德斯	穆尔西亚大学	西班牙	juliamf@ um. es
Kajetan 考耶坦	Hetzer 赫泽	SNS 银行	荷兰	kajetan. hetzer@ sns. nl
Kilian 基尔安	Bizer 比泽	哥廷根大学	德国	bizer@ wiwi. uni – goettingen. de
Klaus 克劳斯	Kuhn 库恩	埃克塞特大学	英国	N. Kuhn@ exeter. ac. uk
Leo 利奥	de Graaff 得格拉夫	阿尔卑斯山区及次山区环境基金会	荷兰	leo. wsdegraaff@ hetnet. nl
Lillian 莉莲	Øygarden 欧耶戈登	土壤和环境研究中心	挪威	lillian. oygarden @ jordforsk. no
Luca 卢卡	Demicheli 德米切利	联合研究中心	意大利	luca. demicheli@ jrc. it

名	姓	单位	国家	电邮
Luca 卢卡	Montanarella 蒙塔纳雷拉	联合研究中心	意大利	luca. montanarella@ jrc. it
Luuk 卢乌克	Dorren 多瑞	法国农业与环境工程研究中心	法国	luuk. dorren@ cemagref. fr
Maria 玛丽亚	Roxo 罗舒	里斯本大学	葡萄牙	mj. roxo@ iol. pt
Maria 玛丽亚	Yeroyanni 叶若瓦尼	欧盟研究总司,科技官员	希腊	marie. yeroyanni@ cec. eu. int
Marion 马里昂	Gunreben 刚瑞本	下萨克森州生态署	德国	marion. gunreben @ nloe. niedersachsen. de
Marit 玛丽特	Heinen 海因	阿姆斯特丹大学	荷兰	Vlier. Heinen @ student. uva. nl
Mark 马克	Lemon 雷蒙	克兰菲尔德大学	英国	m. lemon @ cranfield. ac. uk
Martin 马丁	Schamann 斯科满	技术工作组监测小组的奥地利成员	奥地利	martin. schamann @ um- weltbundesamt. at
Maya 玛雅	Carbin 卡宾	阿姆斯特丹大学	荷兰	maya@ dds. nl
Michael 迈克尔	Golden 高登	美国农业部土壤调查处主任	美国	Michael. Golden@ wdc. us- da. gov
Michael 迈克尔	Stocking 斯托肯	东英吉利大学	英国	m. stocking@ uea. ac. uk
Michel 米歇尔	Robert 罗伯特	法国农业与环境研究所(INRA)	法国	michel. robert@ environne- ment. gouv. fr
Michiel 米歇尔	Curfs 卡福斯	阿姆斯特丹大学	荷兰	michielcurfs@ gmaill. com
Mike 麦克	Fullen 富伦	伍尔弗汉普顿大学	英国	m. fullen@ wlv. ac. uk
Mike 麦克	Kirkby 柯比	利兹大学	英国	mike@ geog. leeds. ac. uk
Nichola 尼科拉	Geeson 格森	防治荒漠化连线(De- sertlinks)	英国	tnchgeeson@ btinternet. com

续表

名	姓	单位	国家	电邮
Nienke 尼恩科	Bouma 鲍马	阿姆斯特丹大学	荷兰	nabouma@ wanadoo. nl
Olafur 奥拉维尔埃	Arnalds 阿德纳尔斯	冰岛农业研究所（RA-LA）	冰岛	ola@ rala. is
Ove 奥雅纳	Klakegg 克拉克格	挪威土地资源调查所（NIJOS）	挪威	ovk@ nijos. no
Pandi 潘迪	Zdruli 兹德茹利	MEDCOASTLAND 项目（地中海土地保护）	意大利	pandi@ iamb. it
Panos 帕诺斯	Paganos 帕加诺斯	联合研究中心	意大利	panos. panagos@ jrc. it
Paolo 保罗	Giandon 季安东	威尼托地区环保署（ARPAV）	意大利	pgiandon@ arpa. veneto. it
Parminder 帕明德	Singh Sahota 辛格萨霍塔	克兰菲尔德大学	英国	pssahota@ cranfield. ac. uk
Peter 彼得	Straus 斯特劳斯	德国联邦水办公室	奥地利	peter. strauss@ baw. at
Petri 皮特里	Ekholm 艾克霍尔姆	芬兰环境研究所	芬兰	petri. ekholm@ ymparisto. fi
Pim 皮姆	Jungerius 俊格里亚斯	地貌与景观基金会	荷兰	juan. GenL@ inter. nl. net
Qun 群	Du 杜	武汉大学法学院/自然保护联盟–环境法	中国	qundu@ adb. org qundu@ adb. org
Rob 罗博	Jarman 贾曼	国家信托公司	英国	Rob. Jarman @ national-trust. org. uk
Roger 罗杰	Crofts 克罗夫茨	独立环境和管理顾问	英国	roger@ dodin. idps. co. uk
Rorke 罗克	Bryan 布赖恩	多伦多大学	加拿大	r. bryan@ utoronto. ca
Rosanna 罗桑纳	Salvia 萨尔维亚	巴西利卡塔大学	意大利	sr606agr@ unibas. it
Rudolf 鲁道夫	Schmidt 施密特	WLV	奥地利	rudolf. schmidt @ wlv. bm-lf. gv. at

名	姓	单位	国家	电邮
Sanneke 圣尼克	van Asselen 范阿斯兰	阿姆斯特丹大学	荷兰	sasselen@ science. uva. nl
Sara 萨拉	Pariente 帕里安泰	Bar – llan 大学	以色列	pariens@ mail. biu. ac. il
Sara 萨拉	Zanolla 赞欧拉	阿尔卑斯公约	意大利	saramzan@ libero. it
Selim 塞利姆	Kapur 卡普尔	土耳其楚库罗瓦大学，地中海区域 MED-COASTLAND 信息网络	土耳其	kapur@ mail. cu. edu. tr
Sheila 希拉	Abed 阿比德	自然保护联盟环境法小组	巴拉圭	sheila. abed@ idea. org. py
Sigbert 西格贝特	Huber 胡贝尔	技术工作组污染问题小组	奥地利	sigbert. huber @ umwelt-bundesamt. at
Silvia 西尔维亚	Obber 奥博	威尼托地区环保署（ARPAV）	意大利	sobber@ arpa. veneto. it
Stephen 斯蒂芬	Nortcliff 诺特克里夫	国际土壤科学联合会秘书长	英国	S. Nortcliff @ reading. ac. uk
Steven 史蒂芬	Berveling 博维灵	悉尼律师	澳大利亚	berveling @ mpchambers. net. au
Susanne 苏珊	Schnabel 施纳贝尔	埃斯特雷马杜拉大学	西班牙	schnabel@ unex. es
Sveinn 斯温	Runolfsson 鲁诺尔夫森	冰岛水土保持局	冰岛	sveinn. runolfsson @ land. is
Tjeerd 特吉尔德	Wits 威茨	阿姆斯特丹大学	荷兰	Tjeerd. Wits @ student. uva. nl
Trond 特龙	Børresen 伯雷森	挪威农业大学	挪威	trond. borresen@ umb. no
Trond 特龙	Haraldsen 哈拉尔德森	土壤和环境研究中心	挪威	trond. haraldsen @ jordfor-sk. no
Tyra 泰拉	Risnes Høyås 里斯内斯奥亚斯	挪威东福尔县	挪威	Tyra. Hoyas@ fmos. no

续表

名	姓	单位	国家	电邮
Valerie 瓦莱丽	Viellefont 维莱冯特	联合研究中心	意大利	valerie. vieillefont@ jrc. it
Victor 维克多	Castillo 卡斯蒂略	塞古拉土壤与应用生物学中心－国家科学调查协会（CEBAS－CSIC）	西班牙	victor @ natura. cebas. csic. es
Victor 胜利者	Louro 洛鲁	地中海地区农业计划	葡萄牙	victor. louro @ dgf. min － agricultura. pt
Vladimir 弗拉基米尔	Stolbovoy 斯托尔博沃伊	联合研究中心	意大利	vladimir. stolbovoy@ jrc. it
William 威廉	Futrell 富特雷尔	可持续发展法律协会主席	美国	sdla2003@ aol. com
Winfried 温弗里德	Blum 布鲁姆	自然资源与应用生命科学大学	奥地利	herma. exner@ boku. ac. at
Wolfgang 沃尔夫冈	Burghardt 薄哈特	杜伊斯堡－埃森大学	德国	wolfgang. burghardt @ uni － essen. de
Yoram 约拉姆	Benjamini 本杰明	阿姆斯特丹大学	荷兰	benyamin @ science. uva. nl

附录2:土壤基础知识

　　土壤是地壳与大气与生物影响相互作用的产物。基岩是土壤无机物成分的最终来源。当地壳的岩石表面暴露出来时,它通过物理作用力崩解为越来越小的碎片。岩石中的矿物质与水和空气发生化学反应,使岩石碎片发生化学改造或分解。岩石经过物理风化和化学风化形成的最终产物土壤需要花几十万甚至几百万年的时间。一旦风化后的土壤颗粒小到一定的程度,通过风、水或冰的作用会把暴露于地表的颗粒搬运走。因所以说把细小的土颗粒从一个地点搬运到另一个地点是常见的现象。某一个土颗粒在一百万年的时间里可能出现在不同的土壤中,最终,这些土颗粒及其分解的产物被搬运到海洋,在那里重新沉积下来,形成海洋沉积物。土壤是个动态的物质,其性质综合反映出气候(大气)和生物活动(如微生物、昆虫、蠕虫、植物等)对地表上未固结的岩石残余物(母质)的作用。这些作用力经过地形的改造,当然这些作用随着时间的推移在持续不断地发生着。经历几千年形成的土壤母质可能会在几年或几十年的时间里因侵蚀加速而流失掉。土壤的形成有五个关键因素:①母质材料的类型;②气候;③植被覆盖;④地形或坡度;⑤时间。

　　①母质材料的类型深刻地影响着土壤的 pH 值、结构和颜色等性质。②降雨量高的气候区其土壤往往不太肥沃,这是因为雨水将土壤的养分淋滤到土壤剖面下部,而且酸性土壤较多见。在降雨量低的气候区,盐分往往积累在地表附近,土壤 pH 值一般要高些(基性)。③针叶林下的土壤往往比落叶林下的土壤酸性高,而且植物的根系作用也是土壤形成的关键因素。④在陡坡上一般难以成土,因为降雨径流容易把土壤颗粒冲走。⑤土壤形成的时间越长,土层的深度越大。

　　美国的土壤科学家珍妮(Jenny)研究出了一套理论,将土壤表征为母质、时间、排水条件、坡度、微生物、植被、侵蚀和管理措施等因子的函数。野外土壤赋存的模式反映出这些因子的相互作用。相似的地质和生态条件下形成的土壤往往是相似的。有趣的是,虽然每种的土壤的外观和性质各不相同,但演变而成的土壤类型在数量上却是相对有限的。土壤系列是坡面上按一定次序排列的土壤层,其成土因子连续地发生变化(见附图1)。以前的土壤科学家一般按照母岩和坡度勘定不同类型的土壤界面,所制作的图纸表达出对土壤形成的深刻理解。

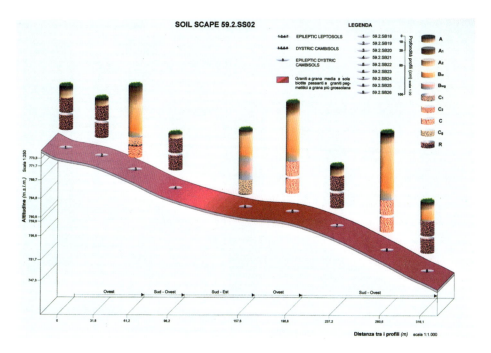

附图1　斜坡上的土壤系列（来源：马德劳等,2003）

矿物质、有机质、壤中水和壤中空气为土壤的四个主要组成部分。这些组成部分的比例在同种土壤的不同高程平面之间或不同种土壤的相同高程平面之间会发生变化。壤中水与壤中空气的比值取决于土壤的干湿程度。土壤中矿物质的粒径组成范围从次显微颗粒到砾石甚至石块颗粒,其质量占土壤干重的大部分,其体积占土壤总体积的40%~60%。由废物和动植物遗体所产生的有机质在地表土壤中的含量最大,但其质量一般不超过土壤干重的10%。

土壤的分类是根据其母质、组构、构造和剖面进行的。母质是土壤的组成材料,通常大部分为无机物的岩石。有机质含量(OM)小于20%土壤称为矿物土壤,大于20%则称之为有机土壤(如泥炭)。组构是土壤中砂土、粉土及粘土所占的比例;砂质土壤被称为轻质土或粗粒土,而黏土则称为重黏质土或细粒土。黏土趋向于增加土壤的持水能力。壤质土所含的砂粒、粉粒和粘粒比例比较平衡,因而适宜植物生长。构造是指土壤颗粒聚集成板状、柱状、块状、球状或碎块状。地表的土壤特性不能代表地下深层土壤的特性。土壤的垂直横断面视图称为土壤剖面。垂直断面揭示的每个水平土壤层称为土层。

以下内容摘录于国家土壤资源研究所锡尔索编著的《如何改善土壤构造》一书,克兰菲尔德大学出版社2002年出版(五渔村SCAPE项目研讨会上作为交流材料）。

什么是土壤构造?

许多人往往把构造与组构混为一谈。土壤的组构就好比是"砖"(如砂土、粉土和黏土的混合物),有机物或其他天然的黏合剂就像"砂浆"一样将"砖"粘合起来,建构成体积更大的构造物,即土壤集聚体。土壤的构造就是"砖"的排列,植物根系的生长、水和空气的流动都是围绕着这个排列进行的。

就像我们住的房子一样,土壤是由大量的"砖"块垒成的,可按其颗粒的形状和大小用通俗易懂的语言描述出来,如块状或粒状,细粒或中粒等。说一种土壤的天然构造良好意味着它的构造具有长期稳定性,而那些天然松散的土壤集聚体在构造上不稳定。一般来说,在构造良好的表土(上部30厘米深)层中,其孔隙构成了连续的排水网络,水可以排出,空气可自由地流动,根系也能无束缚地发育。地表30厘米以下的土壤层也能达到良好的构造,水能够缓慢渗透。人们对改变土壤组构无能为力,却可以影响土壤的构造。

土壤的构造很重要,这是因为:①它是控制水和空气在土壤中流动的管道系统;②它为根系、发芽的种子和土壤中的动物提供了庇护所和生存空间;③它影响着农业耕种的难易程度;④它涉及土地利用对环境的影响,年径流量和土壤侵蚀量,以及随排水和径流及水土流失而挟带走的营养物质或污染物质的数量。

土壤构造对于可持续性粮食生产和社会福祉发挥着极为重要但往往被忽视的作用(Bronick&Lal,2005)。

土壤化学:可溶盐一般在水中离解为两种离子,一种带正电荷(阳离子),另一种带负电荷(阴离子)。盐的溶解能力与溶液的 pH 值或氢离子(H^+)以及氢氧根(OH^-)离子的相对浓度直接相关。土壤 pH 值较高表示 OH^- 比 H^+ 多,因此溶液呈基性或碱性。pH 值低表示土壤的 H^+ 比 OH^- 多,因而呈酸性。pH 值为中性表示溶液中的 H^+ 和 OH^- 的浓度相等,此时 pH 指等于 7.0。土壤重要的阳离子包括铝离子(Al^{3+}),铵离子(NH^{4+}),钙离子(Ca^{2+}),镁离子(Mg^{2+}),钾离子(K^+),和钠离子(Na^+);重要的阴离子有碳酸氢根离子(HCO_3^-),氯离子(Cl^-),碳酸根离子(CO_3^{2-}),硝酸根离子(NO_3^-),磷酸二氢根离子($H_2PO_4^-$),和硫酸根离子(SO_4^{2-})。

土壤群落

土壤生物是土壤过程的组成部分,土壤过程包括养分循环、能量循环、水循环、潜在污染物的处理,和植物病虫害的动态变化。这些过程对于农业和林业是必不可少的,通过这些过程保护空气和水的质量以及动植物的栖息地(美国自然资源保护局,

2004）。一茶匙质量好的草地土壤可含有50亿个细菌、2000万个真菌和100万个原生生物。如果普查一平方米的草地，除上述生物外你还会发现蚂蚁、蜘蛛、木虱、甲虫及其幼虫各1000只，蚯蚓、千足虫和蜈蚣各2000只，蛞蝓、蜗牛各8000只，盆虫20000只，跳虫40000只，螨类120000只，线虫1200万只。如果你把土壤比作一个城市，话说得保守一点，也称得上是人口稠密的城市了（Wallace，1999）。

土壤生物在土壤中各自发挥其不同的功能，主要有：①分解者：细菌、放线菌（丝状菌）和腐生真菌能降解植物和动物残留物、有机化合物和某些杀虫剂。②草食和肉食者：原生动物、螨虫、线虫和其他生物吃掉细菌或真菌，或捕食其他物种的原生动物和线虫。有的两者都吃。草食动物和肉食动物在消耗微生物后排出可为植物所吸收的营养物质。③垃圾转化者：节肢动物是腿上有关节的无脊椎动物，包括昆虫、蜘蛛、螨类、跳虫和千足虫。蚂蚁、白蚁、金龟子甲虫和蚯蚓可消耗垃圾，称得上是"生态系统工程师"，通过咀嚼和在土壤中打洞为其他生物创建栖息地。④互助者：菌根菌、固氮菌及一些自由生活的微生物与植物互利共生，一同进化。⑤病原菌、寄生虫和吃根系的生物：致病生物只占土壤生物极小的一部分。致病生物包括某些种类的细菌、真菌、原虫、线虫、昆虫和螨类。见附图2所示。

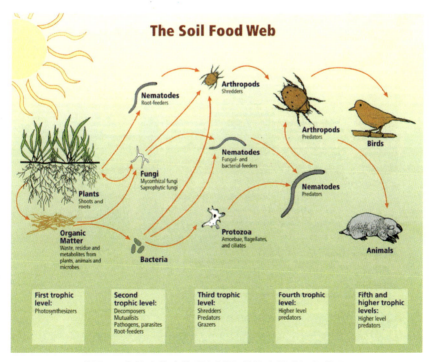

附图2　土壤中的食物网（来源：美国自然资源保护局）

参考资料

(1) C. J. Bronick, R. Lal, 2005. Soil structure and management: a review. Geoderma 124, 3 ~ 22.

(2) Coleman, D. C. , D. A. Crossley. 1996. Fundamentals of Soil Ecology. Academic Press, San Diego.

(3) NRCS Soil Quality – Soil Biology, 2004. Technical note No. 4 Soil Biology and Land management.

(4) SOIL BIOLOGY CLASSROOM ACTIVITIES, The Soil Biology Web Page (from the NRCS Soil Quality Institute) at http://www. soils. usda. gov/sqi.

(5) URL: http://www. organiclifestyles. tamu. edu/soilbasics/soilformation. html

(6) URL: http://www. pas. byu. edu/AgHrt100/classif. htm

(7) Peter Wallace, 1999. The soil bank. In: Whole Earth 96, Celebrating soil – Mother of all things.

(8) Wardle, David A. 2002. Communities and Ecosystems: Linking the Aboveground and Belowground Components. Princeton University Press. Princeton, New Jersey.

附录 3：案例研究方面的论文

所有论文都可从 www.scape.org 网站下载。

西班牙阿利坎特研讨会交流的论文目录

主题 1：欧洲的哪些地区土壤侵蚀问题最为严重？原因是什么？

Hans – Rudolf Bork	现代土壤侵蚀研究——1800 年之后的土壤侵蚀以及对环境的影响
Mike Kirkby	侵蚀模型——PESERA 项目
Valerie Vieillefont et al.	欧洲土壤侵蚀估算的验证
Anne – Veronique Auzet	从土壤侵蚀知识到水土保持和径流预防——COST 623
Luuk Dorren and Anton Imeson	土壤侵蚀与适应性循环之间的类比
Carolina Boix – Fayos et al.	艾利坎特和穆尔西亚地区的土壤侵蚀率
Julia Martínez – Fernández	西班牙土壤侵蚀防治措施
Susanne Schnabel	土地退化与林草用地

主题 2：恢复措施的监测与战略

Asa Aradottir	冰岛土地恢复的挑战与战略
Diego de la Rosa	土壤质量评估与监测
Arnold Arnoldussen	挪威的减蚀措施
Marion Gunreben	德国下萨克森州是如何应对土壤威胁的

主题 3：土壤有机物在土壤退化中的作用

Claire Chenu and Michel Robert	土壤有机质对土壤功能的重要性
Sarah Pariente and Hanoch Lavee	土壤有机质与土壤退化
Dominique Arrouays et al.	土壤中的碳沉积：欧洲及法国的估测值

主题 4：水土保持中的经济学

Rob Jarman	与土壤侵蚀治理有关的国家信贷政策
Kilian Bizer	水土保持的经济手段 - 简介
Kajetan Hetzer	从融资的角度看水土保持
Diane Mitchell	农业环保计划

意大利五渔村研讨会上交流的论文

Arnold Arnoldussen	欧洲的减蚀；土壤侵蚀技术工作组的成果
Luca Montanarella	土壤监测技术工作组结论草案
Michel Robert	土壤有机质技术工作组的报告

主题 1：土壤侵蚀监测的经验与最佳实践

Hanoch Lavee and Adolfo Calvo – Cases	地中海区土壤侵蚀监测 20 年来的经验教训及有关数据：未来的挑战与道路

Maria Roxo	葡萄牙 Vale Formoso 土壤侵蚀监测中心对水蚀的长期监测
Dick Arnold	欧洲应学习美国成立水土保持局的经验
Artemi Cerda	西班牙水土保持经验教训
Selim Kapur	土耳其的自然和人工农业土地景观:土著的可持续土地管理实景地

主题2:五渔村与梯田问题

Franco Bonanini	在五渔村:耕作就是文化
Avertano Role	马耳他管理地中海梯地的经验
Luuk Dorren and Freddy Rey	坡改梯治理水土流失的效果综述

主题3:监测土壤侵蚀数据方面的挑战以及相关数据的用途和应用

Diego de la Rosa	利用地中海土地评价决策支持系统制定因地制宜的水土保持战略
Hein Bouwmeester	利用高分辨率数字地形模型进行土壤侵蚀监测:当前的可能性与未来的前景
Luca Demicheli	水土流失监测与防治:不透水地表与人类活动
Joris de Vente	评价水库泥沙淤积作为地中海地区产沙评估方法:挑战和局限性
Yoram Benyamini	以色列为保护土壤而进行的土壤侵蚀实测和监测

主题4:面向社会经济和政策研究的土壤侵蚀数据和信息上的挑战

Giovanni Quaranta	在地中海沙漠化风险区建立的一个模拟农民行为方式的生物经济模型
Pandi Zdruli	加强地中海区的信息交流网络建设:MEDCOASTLAND 专题网络
Marion Gunreben	德国下萨克森州与水蚀和风蚀相关的土质标准

主题5:监测指标在土壤保持与保护上的作用

| Anton Imeson | 土壤侵蚀与水土保持所采用的指标 |
| Freddy Nachtergaele | 土地退化评价指标与 LADA 项目 |

奥地利思科伦（Schruns）研讨会交流的论文

主题1:水土保持对于欧洲山区的重要意义

Sigbert Huber	奥地利水土保持——关键议题与问题
Bernhard Kohl and Gerhard Markart	水土保持对山区水文方面的重要性
Josef Scherer	福拉尔贝格州水土保持的重要性:与土壤有关的最关键的环境问题与对策
Peter Strauss	奥地利农业部门水土保持措施的有效性

主题2:欧洲监测计划和监测数据库应收录的数据和信息

| Paolo Giandon, Ialina Vinci and Silvia Obber | 阿尔卑斯山区生态土壤学地图 |

Borut Vršĉaj and Sara Zanolla	在阿尔卑斯山区建设跨国界的土壤信息系统
Harry Seijmonsbergen & Sanneke van Asselen	山区地貌数据的实用性:过去与未来的发展趋势
Martin Schamann	奥地利对技术工作组监测小组的成果的认识
Alexandra Freudenschuβ	奥地利土壤信息系统
Bernhard Maier	奥地利蒙塔丰林业基金会对多功能森林进行的监测
Luca Montanarella	阿尔卑斯山区土壤信息系统前瞻
Tjeerd Wits and Luuk Dorren	阿尔卑斯山区土壤监测的形态系列——奥地利蒙塔丰案例研究

主题3:地方至全球各级在水土保持上的行动

| Luuk Dorren | 地方当局对山区生态系统中自然资产的管护 |
| Wolfgang Burghardt | 在人工构建的环境中进行水土保持 |

挪威艾斯（Ås）研讨会交流的论文

主题1:北方气候区水土保持的重要性

Gunnar Prøis	挪威水土保持遇到的挑战及目前实施的措施
Barbro Ulén	瑞典耕地的土壤侵蚀以及近来磷流失新趋势
Tyra Risnes Høyås	Østfold 县区域环境计划
Vladimir Stolbovoy	矿物土壤中有机碳的存量变化测定

主题2:北方地区减少土壤侵蚀的立法与措施

Petri Ekholm	芬兰的土壤侵蚀与近来磷流失的趋势
Ingrid Rydberg	瑞典减少土壤侵蚀与磷流失制定的环境目标和措施
Johan Kollerud	挪威土壤侵蚀的减少
Trond Børresen	北方少耕和免耕措施的作用
Lillian Øygarden	挪威的土壤侵蚀——农业小流域采取的措施
Ove Klakegg	从互联网上获取的土壤信息及其使用

主题3:如何利用现有的工具实现水土保持

Anna Martha Elgersma	欧洲农村地区的农业边际化:土壤性质的影响与变化
Diane Mitchell	欧洲有关农业的最新的土壤政策发展
Trond Haraldsen	城市景观的土质要求

冰岛塞尔福斯（Selfoss）研讨会交流的论文

| Anton Imeson | 水土保持战略:概述 |

主题1:综述性发言

Luca Montanarella	欧洲土壤的状况
Hans – Rudolf Bork	世界自农业兴起后土壤的发展与退化历史过程
Roger Crofts	土壤保护:连点成片

Sheila Abed　　　　　　　　　世界土壤保护联盟在制定土壤法律与政策方面的作用

Ian Hannam and Ben Boer　　　推动起草水土保持和可持续利用议定书方面的进展

Craig Ditzler and Michael Golden　美国土壤资源评价与监测

冰岛

Olafur Arnalds　　　　　　　　冰岛的土地退化与沙漠化

Andres Arnalds and Sveinn Runolfsson　冰岛水土保持一百年

主题2:将土壤与其他问题结合起来统筹考虑

Pim Jungerius and Anton Imeson　从土壤的角度看待全球化、可持续性及耐受性

Hanneke van den Ancker　　　　在土壤战略框架内的地理多样性与地理遗产

Stephen Nortcliff　　　　　　　可持续的土壤管理与增加粮食生产相互排斥吗?

主题3:法律、依法管理与解决方案

Andrew Waite　　　　　　　　土地污染的立法与责任追究,以及荒地管理立法的影响

Qun Du　　　　　　　　　　　中国水土保持林发展的六个优先项目及法律问题

William Futrell　　　　　　　　美国推动可持续土壤管理方面的法律

David Grinlinton　　　　　　　利用法律和战略推动土壤的可持续利用

Irene Heuser　　　　　　　　　欧盟水土保持法的制定

Steven Berveling　　　　　　　受污染土壤的可持续管理的法律上的问题:澳大利亚实例
　　　　　　　　　　　　　　　分析

主题4:科研与案例研究

John Benson　　　　　　　　　澳大利亚新南威尔士州为改善土壤资源管理而进行的植
　　　　　　　　　　　　　　　被分类与评价

Godert van Lynden　　　　　　欧洲采用水土保持耕作方式保护水土的案例研究:报告与
　　　　　　　　　　　　　　　评价

Mohamed Sabir　　　　　　　　地中海 Maghreb 山区水土保持传统战略

Anton Imeson　　　　　　　　SCAPE 项目案例研究成果

Winfried Blüm　　　　　　　　进一步开展土壤资源可持续管理科研上的需求

主题5:战略与政策

Jose Rubio　　　　　　　　　　欧洲土壤可持续性框架:土壤作为多功能介质的质量指标

Helen Briassoulis　　　　　　　土壤资源的可持续管理:政策融合,土壤性质状况以及提
　　　　　　　　　　　　　　　高公众觉悟

Andres Arnalds　　　　　　　　土地管护的障碍与激励措施——冰岛的经验

Arnold Arnoldussen　　　　　　为实现更为可持续的土地管理要采取哪些战略和政
　　　　　　　　　　　　　　　策——SCAPE 项目的启发

　　　　　　　　　　　　　　　Combating desertification in Europe：NAP′s and new Rural

Giovanni Quaranta　　　　　　　Development Programme 欧洲防治沙漠化:国家行动计划与
　　　　　　　　　　　　　　　新制定的农村发展计划

Bernard Vanheusden

Brownfield redevelopment 棕地的再开发

Olafur Arnalds

Knowledge and Policy Making：Premises，Paradigms，and a Sustainability Index Model 知识与政策制定：前提，模式与可持续性指标模型

Joop Vegter

土地污染的预防和受污染土地的管理

征文

Andrea Beste

Guideline to a simple soil assessment 土壤评价简易方法指南

Brad Wilcox

Healthy landscapes － Lessons from rangeland ecohydrology and monitoring sciences 健康的景观——从草场生态水文学与监测科学角度出发得出的经验教训

Nienke Bouma

荷兰沙丘的水土保持及自然修复

Pim Jungerius & Hanneke van den Ancker

Geodiversity and Geoheritage within the framework of the EU Soil Strategy 欧盟土壤战略框架下的地理多样性与地理遗产

沙漠化讨论文章

Artemi Cerdà

在沙漠化威胁下的世界传统灌溉方法与现代方法的比较——西班牙东部的实例分析

C. Blade，T. Gimeno，S. Bautista and V. R. Vallejo

地中海干旱地区过火后土壤退化的修复措施：播种与地膜覆盖

Carolina Boix － Fayos

1990 年代土壤侵蚀研究经验教训：ERMES 项目实例分析

Luca Montanarella

三个有关水土保持的里约热内卢公约的统合

Mark Lemon

可持续性研究本身的可持续性问题：沙漠化研究中的经验和教训

Michiel Curfs

沙漠化：观点和感悟

Michiel Curfs

我们的土壤和双手：通过 SCAPE 项目提升土地景观

Nichola Geeson

沙漠化防治战略

Yoram Benyamini

我们从以色列防治沙漠化经验中得到的启发